C 地图上的中国
HINA ON THE MAP

U0772635

非遗故事

INTANGIBLE CULTURAL
HERITAGE

晨 夕 著

五洲传播出版社

图书在版编目（ＣＩＰ）数据

地图上的中国. 非遗故事 / 晨夕著. －－ 北京 ：五洲传播出版社，2022.1

ISBN 978-7-5085-4582-0

Ⅰ．①地… Ⅱ．①晨… Ⅲ．①中国－概况②非物质文化遗产－介绍－中国 Ⅳ．①K92

中国版本图书馆CIP数据核字(2021)第222251号

审 图 号：GS（2021）8273号

非遗故事

作　　者：晨　夕
图　　片：图虫创意
出 版 人：关　宏
责任编辑：苏　谦
装帧设计：山谷有鱼　张伯阳

出版发行：五洲传播出版社
地　　址：北京市海淀区北三环中路31号生产力大楼B座6层
邮　　编：100088
电　　话：010-82005927，82007837
网　　址：www.cicc.org.cn, www.thatsbooks.com
印　　刷：北京中石油彩色印刷有限责任公司
版　　次：2022年7月第1版第1次印刷
开　　本：1/20
印　　张：5.5
字　　数：100千
定　　价：48.00元

非遗故事

Intangible Cultural Heritage

目　录

前 言···

中国是一个拥有5000多年文明历史的古老国度。在漫长的历史发展过程中，先民们在科技不够先进、自然条件并不占优势的年代，通过自己的双手和智慧创造出了许多领先世界、流传千年的非物质文化遗产。

这些非物质文化遗产，涉及范围极其广泛，从音乐舞蹈到传统节日、从手工技艺到自然科学，都是先辈们在生产劳动和日常生活中，通过自己摸索所创造的，是满足人的自然需求、社会需求和精神需求的活态文化。

它们少则拥有几百年的历史，多则已超越上千年，不仅代表了中华民族璀璨的历史文化，更是探寻古老文明和人类发展进程的重要依据。非物质文化遗产有着典型的历史、文学、艺术价值。像朝鲜族农乐舞，就是朝鲜族人民生产、生活的艺术再现，既表达了人们对美好生活的向往，又给人带来了视觉听觉上的艺术享受。又比如皮影戏，被称为"最早的电影艺术"，从皮影的制作到最终以故事形式搬上舞台，都体现了古时人们的智慧。这些"非遗"都是经过几百年甚至几千年的锤炼而成的，是匠人精神的结晶，是中国文明历史发展的见证者。

许多"非遗"还扬名世界，让世界各国人民一起见证了中国的璀璨文化。例如有着上千年历史的端午节，是中国和世界各地华人都认知和庆祝的传统节日；妈祖信仰不仅在中国福建等沿海地区广泛传播，在东南亚沿海地区也有许多信众；粤剧也不局限在广东地区，而是在世界许多华人区都有着广泛的群众基础。

时至今日，有的"非遗"依然十分活跃，譬如中国针灸、传统节日和二十四节气，它们和人们的生活息息相关，得到了完好的继承和发展。但在现代经济发展和科技进步的冲击下，许多非物质文化遗产失去了原有存在的土壤和社会环境，面临着缺少传承人、受众变少等困境，譬如中国篆刻、中国雕版印刷术、中国皮影戏等。

中国为了保护和抢救这些"非遗"，也为了将先民们的智慧世代传承下去，一直在积极努力，做了大量有实际意义的工作，从培养传承人到设立专门机构，再到将一些"非遗"技艺搬进课堂等。我们可以相信，在政府和民间的共同努力下，这些蕴藏着传统文化光辉的"遗产"一定会走向复兴之路。

01

表演艺术

昆曲

■ **2008年，昆曲被正式列入联合国教科文组织人类非物质文化遗产代表作名录。**

昆曲是中国传统戏曲中最古老的剧种之一，被誉为"百戏之祖"；也是中国传统文化艺术特别是戏曲艺术中的珍品，被称为戏曲百花园中的一朵"兰花"。

昆曲起源于元末明初的苏州昆山地区，至今已经有600多年的历史，最初称为"昆山腔"，现被称为"昆曲""昆剧"。

起初，昆曲影响不大，只是一个小小的江南地方戏，属于"南戏"系统。南戏因为保留许多民间艺术的特点，自由性比较大，比较随意，所以很长一段时间处于不太"高大上"的层次。

昆曲真正走上正轨，是在明朝嘉靖年间（1522—1566）。当时，有一位名叫魏良辅的民间音乐家，对昆山腔平直简素、缺少起伏的旋律很不满，于是对昆山腔进行了全面改良。之后，昆山人梁辰鱼在魏良辅的基础上，对昆山腔作了进一步的研究和改进。他编写了第一部昆山腔传奇《浣纱记》。《浣纱记》一经问世，就在江南一带走红，从而带动了昆曲的发展。当时人们在喜庆的节日和社交活动中，都喜欢用昆曲助兴，文人雅士们也对昆曲十分痴迷。

昆曲的曲词典雅，唱腔华丽婉转、行腔优美。除了唱腔优美、动作飘逸、表演细腻外，昆曲的服装也很美，"上五色""下五色"穿戴规制是中国传统五色"黑赤青黄白"观念的延续。在长期的演出实践中，昆曲积累了大量的剧目，有400多出折子戏，其中既有影响力又经常演出的剧

目有《鸣凤记》《牡丹亭》《紫钗记》《邯郸记》《南柯记》等。这些传统曲目不但丰富了人们的文化生活，而且对昆曲文化的传承起到了至关重要的作用。

昆曲是中国戏曲史上具有最完整表演体系的剧种，是中华民族文化艺术高度发展的成果，在中国文学史、戏曲史、音乐史、舞蹈史上都占有重要的地位。

为了传承和保护这一传统戏曲，在继承传统曲目的同时，一些新编剧目使昆曲重新复苏，具有代表性的如《十五贯》。此外，中国在很多大学开设昆曲课，设立昆曲传统文化传承基地等。这一系列措施为昆曲的发展提供了重要保障，也将让昆曲艺术代代传承。

古琴艺术

■　**2008年，古琴艺术被正式列入联合国教科文组织人类非物质文化遗产代表作名录。**

　　古琴是中国最早的弹弦乐器，已经有3000多年的历史。有关古琴的记载最早见于《诗经》《尚书》等文献，现存琴曲多达上千首。因为历史悠久、内容丰富和影响深远，古琴被视为中国传统文化的瑰宝。

　　在中国古代，琴、棋、书、画并称"四艺"，是文人骚客修身所必须掌握的技能。而古琴则是中国古代文化地位最高的乐器，是文人雅士修身养性、陶冶情操的重要工具。

　　关于古琴的由来，有许多文献记载，多数以神话故事为主，其中流传最广的就是伏羲制琴。伏羲被认为是中华民族的人文始祖。传说，当年伏羲在一个叫西山桐林的地方，见到一凤一凰在梧桐树上休息，而凤凰是有灵性的，有"非梧桐不栖"的说法。伏羲想，梧桐树一定是神灵之木。于是决定用桐木制成乐器，还编了乐曲。随后，古琴

开始流行。

　　不过，根据文献记载，在先秦时期，古琴的传播并没有那么广，一般多用于祭祀、朝会、典礼等正式场合，直到秦朝（前221—前206）以后才盛兴于民间。

　　古琴外形优美、音域宽广、音色深沉、余音悠远，有一种空灵之感。古琴可以存在于文人雅士的书斋，存在于佛教寺庙、道教宫观，也可以存在于青山绿水之中，还可以存在于市井民间的小型聚会中。

　　经过几千年的演变，古琴演奏形式不断变化，从最初的伴奏，到后来的独奏。古琴的艺术表现形式也日趋完善，在社会上的影响力越来越深远。唐朝著名诗人李白、杜甫等，都为古琴写下了不朽的诗篇。

　　对于现代人而言，古琴可以缩短今人与古人的距离，开拓思路，丰富生活，对于提高人文素质有很大益处。尽管古琴历史悠久、文献丰富，但是由于古琴传承的特殊性、商业化的冲击和审美方式的改变，使古琴在当今社会的传承发展面临巨大压力。

　　为了更好地继承和发扬古琴艺术，中国政府派出多位专家，调查、收集、整理了散落于民间的各种传谱，并录制了一批音像资料，还发现了一批失传的琴曲，如《广陵散》《幽兰》等。教育部先后在东南大学、西安外事学院等院校设立了中华优秀传统文化古琴传承基地。这些基地的设立，在促进古琴音乐人才培养的同时，更为今后古琴音乐的整理、研究、发展开辟了新的前景。

新疆维吾尔木卡姆艺术

■ 2008年，新疆维吾尔木卡姆艺术被正式列入联合国教科文组织人类非物质文化遗产代表作名录。

木卡姆被称为"维吾尔民族历史和社会生活的百科全书"，是中华民族多元文化的组成部分。它运用音乐、文学、舞蹈、戏剧等多种艺术形式，反映现实生活和维吾尔族人民的风俗习惯。木卡姆具有抒情性和叙事性相结合的特点，有非常高的艺术价值。

木卡姆历史悠久，据说早在维吾尔族祖先从事渔猎、畜牧生活的时候，木卡姆就诞生了。木卡姆是一种在旷野、山间、草地即兴抒发感情的歌曲，到了12世纪，发展成了"博亚万"组曲，这就是木卡姆的雏形。

木卡姆的正式形成和一位名叫阿曼尼莎汗的维吾尔族女性有关。1547年，酷爱音乐和诗歌的阿曼尼莎汗成为以新疆莎车为首都的叶尔羌汗国的王后。她召集大量乐师和木卡姆演唱家整理木卡姆，从而梳理创作出结构完整、体系严密、朗朗上口、易于理解的全新的木卡姆。到了19世纪，这套木卡姆被逐步精缩为12部套曲，每部套曲约演奏2个小时。被浓缩后的木卡姆被定名为"十二

木卡姆”。

新疆维吾尔木卡姆艺术中的歌唱内容，包含了哲人箴言、文人诗作、先知告诫、民间故事等；演唱方式是多样化的，既有合唱，又有独唱，也可以带一个乐队。在表演时，乐队的主要配器包括一种用铁锤敲击的扬琴，一只四弦琴，一只低音手鼓（有时是铜鼓或陶鼓），一只小手鼓。几种乐器配合，会发出非常欢快的乐曲声，能够带动现场听众的情绪，活跃现场气氛。木卡姆的唱词格律与押韵方式复杂多样。载歌载舞，是木卡姆最重要的特色，其舞蹈技巧丰富多彩，集体舞的队形组合和步伐步态富于变化。

木卡姆与维吾尔族民间礼仪息息相关。无论是在平时，还是在重大节日，维吾尔族人民都会用木卡姆活跃气氛，它在维吾尔族人民的社会生活中占有不可替代的重要位置。不过，十二木卡姆特殊的音乐体裁和文化背景、特殊的音乐结构和演奏方法、特殊的乐器及演奏团体、特殊的受众及演出场所，给它的传播带来了一定的难度。

为了抢救濒临失传的文化瑰宝，相关部门派出音乐专家组成十二木卡姆整理工作组，至今已收集了近80位老艺人的唱本资料约100万行。

蒙古族长调民歌

■　2008年，蒙古族长调民歌被正式列入联合国教科文组织人类非物质文化遗产代表作名录。

　　蒙古族长调民歌由蒙古族游牧民创作，与他们的草原环境和游牧生活方式息息相关。长调歌词都来源于生活，里面有草原、骏马、骆驼、牛羊、蓝天、白云和江河湖泊，具有鲜明的游牧文化和地域文化特征。演唱形式也十分独特，其特点是字少腔长，旋律悠长舒缓，意境开阔。

　　蒙古族长调民歌距今已有2000多年的历史。当时，蒙古族的先民走出额尔古纳河两岸山林地带，向蒙古高原迁徙。在迁徙的过程中，他们的生产方式发生了巨大的变化，逐渐从狩猎业转变为畜牧业。在这一时期，长调这一新的民歌形式便产生、发展了起来。

　　在很长的一段历史时期内，长调逐渐代替蒙古族民歌中结构整齐的狩猎歌曲，形成了蒙古族音乐的典型风格，并对蒙古族的其他音乐形式产生了非常深刻的影响。

　　长调的演唱者一般都穿着蒙古长袍，伴奏乐器主要是马头琴，歌词内容大多是歌颂母爱、赞美生命、诉说爱

情。长调演唱以真声唱法为主，是最接近自然的声音。

　　蒙古族长调民歌的曲目都源于日常生活，如《走马》《小黄马》《辽阔的草原》《辽阔富饶的阿拉善》等。因其题材与蒙古族社会生活紧密相连，它成为蒙古族节日庆典、朋友聚会、那达慕活动中必唱的歌曲，可以说，长调民歌是蒙古族文化的重要组成部分。近年来，政府特别重视长调民歌的收集、整理、出版、保护和发展工作。为了使长调能够顺利传承，当地培养了一大批专业的牧民长调歌手。在培训期间，对于家庭困难的牧民歌手不收任何培训费用。

　　一位名叫瓦桑布的歌手，就是蒙古长调民歌的传承人之一。瓦桑布自幼就开始跟随父亲学习长调民歌，后跟随蒙古族长调歌王哈扎布和著名长调教育家照那斯图学习长调。瓦桑布被评为第五批国家级非物质文化遗产代表性项目代表性传承人。

　　长调是流淌在蒙古族人血液里的音乐，是离自然最近的一种音乐，被称为游牧文化的一朵永不凋谢的花朵。在蒙古高原上，哪里有草原，哪里就有长调；哪里有牧人，哪里就有长调。

中国朝鲜族农乐舞

■　**2009年，中国朝鲜族农乐舞被正式列入联合国教科文组织人类非物质文化遗产代表作名录。**

中国朝鲜族农乐舞是集演奏、演唱、舞蹈于一体，反映传统农耕生产生活中祭祀祈福、欢庆丰收等主题的民间表演艺术。

"农乐舞"俗称"农乐"，流传于吉林、黑龙江、辽宁等朝鲜族聚居区。其历史最早可追溯到古朝鲜时代春播秋收时祭天仪式中的"踩地神"，寓意除厄祈福，特别是祈求来年五谷丰登。后来，演变为在农忙季节，农民合作互助，一起鼓舞，或者在丰收季节，以歌舞感恩上天。

19世纪中叶，朝鲜半岛的居民陆续迁入中国的东北地区，成为今天中国的一个少数民族——"朝鲜族"。朝鲜族人民天生热情、性格爽朗，是能歌善舞的民族。无论是在重大的传统节日，还是在家庭聚会中，朝鲜族男女老幼都会伴随着沉稳的鼓点翩翩起舞。

在劳作时也不例外，朝鲜族人民喜欢通过跳舞来缓解疲劳。每逢农忙时节，人们就会将扁鼓和唢呐与农具一起带到田地里。休息时，人们就会在明快的鼓乐声中即兴起舞。随着时间的推移，这些即兴歌舞逐渐演化成为游乐性的朝鲜族民间舞蹈，活跃在各种传统民俗活动之中。

朝鲜族农乐舞的表演形式主要分为两种：一种是以舞蹈和哑剧形式进行的情节演出，还有一种是在新年伊始和欢庆丰收的时节，人们以热烈而丰富的传统舞蹈为主要形式进行的群众性表演。每当这时，人们都非常重视，各个村寨会派出自己的农乐舞队伍参加当地的盛典。表演时，乐舞队成员载歌载舞，欢快地唱着、跳着，四周观众的情绪也会被带动起来，跟着节拍鼓掌，或者不自觉地跟着合

唱、扭动身体，气氛非常热烈，一派喜气洋洋的景象。

在历史的长河中，虽然农乐舞的表演形式发生了许多变化，但整体寓意并没有太大的改变。人们通过唱跳的方式，祈祷风调雨顺，祈求未来的吉祥与安宁，表达美好夙愿。

不过，由于受到现代文明的猛烈冲击和老艺人相继离世，专业的农乐舞者越来越少，农乐舞面临着失传的危险。为了保护和传承这一珍贵的民族艺术，当地政府每年都会举办农乐舞培训班，培养专业的农乐舞人才，同时还组织开展多种多样的农乐舞表演活动。尤其是在传统节日和婚嫁等特殊日子，当地群众都会自发地表演农乐舞，一方面烘托节日气氛，另一方面也是对农乐舞的一种宣传和推广。

蒙古族呼麦歌唱艺术

■　　2009年，蒙古族呼麦歌唱艺术被正式列入联合国教科文组织人类非物质文化遗产代表作名录。

呼麦是蒙古族人创造的一种神奇的歌唱艺术，其特点是：歌手能够纯粹用自己的发声器官，在同一时间里唱出两个以上声部。在中国各民族民歌中，呼麦的演唱方式是独一无二的。呼麦主要分布在内蒙古自治区的锡林郭勒、呼伦贝尔草原及呼和浩特市等地区。作为一种特殊的民间歌唱形式，呼麦是蒙古族人民杰出的创造。它体现了蒙古族人民对自然宇宙和世界万物深层的哲学思考和体悟，表达了蒙古民族追求和谐发展的理念和健康向上的审美情趣。

有关呼麦的由来，最早可以追溯到匈奴时期。当时的蒙古高原先民在深山中活动，看见河汉分流，瀑布飞流而下，山鸣谷应，其声音摄人心魄，可传出数十里，便认为这种声音是人与自然有效沟通的途径。于是，人们模仿瀑布、高山、森林、动物的声音，慢慢地发明了呼麦。

呼麦是一种古老而神秘的歌唱方式，声音从喉底里发出来，似乎在悠悠远远地往一个很深很深的隧道里面钻。一名歌唱者的歌喉可以同时唱出两个、三个甚至更多的高低不同的旋律，声音深沉、沙哑却洪亮，尤其是哨音，更像是金属振动发出的啸声，远远地飘在高处，给人一种错觉，以为这声音来自遥远的天边。所以也有人说，呼麦是来自天堂的声音。

因受特殊演唱技巧的限制，呼麦的曲目并不是特别丰富，大体上分为三类：一是咏唱美丽的自然风光，如《阿尔泰山颂》《额布河流水》；二是模拟和表现野生动物的形象，如《布谷鸟》《黑走熊》；三是赞美骏马和草原，如《四岁的海骝马》。

呼麦在历史上用途较多，比如古代蒙古族人参加战争，作战前会高声合唱呼麦，以鼓舞军心；狩猎成功后，因为情绪亢奋，也会合唱呼麦。

对于听众而言，能身临其境听呼麦，是一种巨大的享受。你会感觉整个人都被这种真实而原始的声音包围，即使知道发声的源头和范围，也无法从中分辨出声源的方向，只会感觉四面八方都是这样神秘、低沉的声音。

现在，呼麦演唱已经与蒙古族隆重的礼仪仪式和群体活动紧密相连。在赛马、射箭、摔跤等大型比赛，或者祭祀祖先、重要聚会等严肃场合，牧民们都会演唱呼麦。

近些年，随着时代的发展，自然环境和生活方式发生了很大的变化，呼麦的生存和传承面临着巨大的挑战。为了抢救和保护呼麦艺术，当地政府做了许多努力，在各大高校设立呼麦专业，大力开展呼麦在群众中的学唱、传唱活动，进一步夯实呼麦艺术的群众基础。每年的旅游旺季，当地政府都会组织呼麦艺术节。所有这些工作都只有一个目的，就是加强呼麦的保护和传承。

南音

■　2009年，南音被正式列入联合国教科文组织人类非物质文化遗产代表作名录。

　　南音，发源于福建泉州，又称"南曲""弦管"等，集唱、奏于一体，是中国现存最古老的乐种之一，有"中国音乐史上的活化石"之称。其演唱形式、乐器形制、宫调旋律、曲目曲谱及记谱方式等都十分独特，为研究中国古代音乐提供了丰富的历史信息。

　　南音与西安城隍庙鼓乐、北京智化寺音乐、山西五台山青黄庙音乐并称中国四大古乐。

　　关于南音的由来，并没有具体的文献记载。民间有几种不同的说法，其中流传最广的一种说法是，南音起源于唐朝（618—907），形成于宋朝（960—1279），距今已有约千年的历史。

　　根据历史推算，南音的形成与中国历史上两次人口大

迁移有关。一次发生在唐朝，当时中原战乱频发，北方大批平民、贵族和地主纷纷移民到福建。到了宋朝，随着经济和政治重心南移，中原文化再次南迁。中原人不但带去了生产生活工具，还带去了乐器、乐谱和乐工。这些中原文化给闽南地区注入了新的活力，并和当地的音乐融合到了一起，最终形成了南音。

南音以福建方言演唱，传统上多以5人形式表演，1人居中执拍板演唱，4人分坐两边，演奏南琵琶、洞箫、二弦和三弦。这种表演形式非常考验表演者的默契。南音从乐律、记谱到演奏乐器、演唱形式，都保留着唐宋时期的特色。其音乐主要分为"指、谱、曲"（指套、大谱、散曲）三大类，是中国古代音乐比较丰富和完整的一个大乐种。

南音的音乐风格典雅细腻，曲调优美、节奏舒缓、委婉深情，特别是以爱情为题材的作品，极富感染力，与民众心灵相通，深受民众的喜爱。又因南音与闽南地区人们的生活息息相关，所以很自然地成为当地人陶冶情操、自娱自乐的文化形式。

现如今，福建泉州有许多南音组织，政府也非常重视南音的传承和发展，建设了南音陈列馆和泉州南音艺苑，还支持专业团体出国交流。泉州周边的乡镇和县，几乎也都设立了南音社团组织。

南音在海外也极其活跃和备受重视。在东南亚地区，曾经存在和现有的南音社团共计有80多个；在其他国家的泉州华侨聚居地区，南音也有不同程度的影响。海外各地的南音社团是南音艺术赖以存在的基础之一，同是又是这一古老乐种走向世界的桥梁。

西安鼓乐

■　　2009年，西安鼓乐被正式列入联合国教科文组织人类非物质文化遗产代表作名录。

西安鼓乐，是迄今为止在中国境内发现的保存最完整的大型民间乐种之一，主要流传在西安及周边地区。

关于西安鼓乐的由来，尚不知具体的年份。追溯其历史渊源，从结构、乐谱、曲名、使用乐器等方面分析，它与唐代燕乐中的"大曲"有着千丝万缕的联系。所以，西安鼓乐有可能是起源于唐朝。在唐朝"安史之乱"期间，宫廷乐师流落到民间，燕乐也随之流传于民间，于是渐渐形成了大气、庄重、高雅、曲调优美、具备宫廷音乐特征的西安鼓乐。

到了明清时期，西安鼓乐的发展达到了鼎盛。经过几百年的演变以及受到戏曲音乐的影响，它逐渐形成了一套完整的大型民族古典音乐形式。

西安鼓乐的乐器以中国传统的笛、笙、管等为主，其演奏形式主要是行乐和坐乐。行乐是边走边演奏或者是站立着演奏。它的演奏以曲调为主，节奏乐器只起伴奏、击拍的作用。这种表演方式一般用于街道行进和庙会等场合。坐乐主要是室内演出，表演者按照传统习惯围坐在一块长方形的大桌案周围进行演奏。坐乐比行乐要复杂一些，它有严格固定的曲式结构。

不同于西方的大型交响乐，西安鼓乐的演奏全程没有乐谱、没有指挥，这就要求所有乐队成员必须将唱调都熟稔于心，准确地把握笛、锣、鼓等多个传统乐器的进入时间，对乐队成员的业务技能要求很高。

从派别上来看，西安鼓乐分为僧、道、俗三个流派。

　　相传，僧派是由一位姓毛的和尚所传，演奏者多为市民，也有僧人。在漫长的发展过程中，僧派中的一部分因长期掌握在农民手中，不断地吸收民间音乐，慢慢就和传统僧派有了区别，最终形成俗派。而道派则为城隍庙道士所传。在演出风格上，三个流派完全不同，僧派悠扬敞亮，道派平和闲雅，俗派热烈浓郁。

　　西安鼓乐演奏时间与当地的民俗活动有关，如每年的春节、元宵节（农历正月初一、正月十五）或者农民祈雨活动中都要进行演奏。作为古代流传下来的大型古典民间乐种，西安鼓乐在西安一带非常受当地老百姓的欢迎，既烘托了节日气氛，又寄托了人们的美好愿望。

粤剧

■ **2009年，粤剧被正式列入联合国教科文组织人类非物质文化遗产代表作名录。**

　　粤剧是中国广东省的地方戏曲剧种，主要流行在珠江三角洲一带，是中国传统戏曲之一。

　　粤剧起源于中国民间齐言民歌，即句式整齐的民歌，其历史最早可以追溯到先秦时期。到了明朝（1368—1644），粤剧开始在广东、广西一带出现，最初演出的语言是中原音韵，又称为戏棚官话。到了清末时期，文化人为了宣传革命，把演唱语言改为粤语，以使广东人更容易理解。

　　粤剧传统剧目主要反映帝王将相、才子佳人的故事以及普通人的生活际遇，其中大量的剧目取材于民间，反映了人们的真实生活和思想情感，也有一些揭露社会的黑暗面，表达了广大人民群众的心声。比如清朝末期，广东各地经常发生农民起义，于是当地就上演了很多表现上山聚

义、劫富济贫、除暴安良的粤剧剧目，如《梁天来告状》《王大儒供状》《蛋家妹卖马蹄》等。

粤剧的表演方式分为唱、做、念、打四大基本类别。唱是指唱功，配合不同的角色，有不同的演唱方式；做是指做功，就是表演，包括手势、台步、走位、身段、抽象表演等；念是指念白，就是念出台词，用说话的方式交代出情节、人物的思想感情；打是指武打，比如玩扇子、舞刀弄枪、舞动旗帜等。

粤剧的演出场所一般分为临时搭建的戏棚和固定的专门的戏台。古代时，有钱人家都会自搭戏台，还有自己的私人戏班，家里有喜事或者逢年过节时候，都会用自家戏班表演。戏棚也很有讲究，早期的戏棚里还会设置神像、安放神坛供奉神明，这也表达了人们的一种信仰。

粤剧从诞生起，就在社会上广为流传。但粤剧的发展并不顺利，很多曲谱都濒临消失，后来经过抢救和保护，粤剧才得以复苏。为了粤剧的传承和发展，国家制定了许多切实可行的措施，如培养接班人和引进粤剧人才、设立大型的粤剧演出场所等。

花儿

■　**2009年，花儿被正式列入联合国教科文组织人类非物质文化遗产代表作名录。**

"花儿"又名"少年"，是流传于中国西北地区的民歌，因歌词中将青年女子比喻为花儿而得名。"花儿"的内容虽然大多与爱情有关，但是在歌颂纯真的爱的同时，也能够反映社会生活的方方面面。"花儿"不仅仅有艺术价值，而且有深刻的社会历史文化价值。

"花儿"起源于明代初年，距今已有600多年的历史，主要流行于甘肃、宁夏、青海一带，是一种独具风格的民歌。

"花儿"作为民间艺术，是在农田和山野里产生的。一些唱得好的人被称为"花儿把式"，这些人都是从小在田间劳作或者放牧期间跟随大人学唱，熟悉掌握了曲调后，自己再即兴编词对唱或领唱。

"花儿"的内容非常丰富，大多反映爱情、时政、生活和劳动等内容，有经过千锤百炼而留下的歌词，也有触景生情、随口而做的即兴之作。"花儿"音乐高亢、悠长、爽朗，语言生动形象，具有浓郁的生活气息和乡土特色，深受西北地区回族、汉族、藏族、东乡族、土家族等民族群众的喜爱。

除了平常在田间劳动、山野放牧和路旅途中即兴创作之外，每年的夏秋收割之前，人们还会在特定的时间和地点，自发举行规模盛大、参与人数众多的民歌竞唱活动，俗称"花儿会"。"花儿会"具有多民族文化交流与情感交融的特殊价值。到了"花儿会"这天，各族的青年男女会背上干粮，徒步到附近的山中去"漫花儿"，有点像其他地

　　方的赶庙会或者踏青。这些男女青年以歌会友，或单打独唱，或一问一答、互相对唱，总之不拘泥于任何形式，非常自由而"散漫"，所以叫作"漫花儿"。这一天，人人都会盛装出席，非常有仪式感，现场气氛也非常喜庆，热闹非凡。

　　"花儿"的演唱形式比较自由，大多以独唱为主，也有对唱和联唱。曲谱种类繁多，有百余种，其中有40多种是家喻户晓的。除了"花儿会"外，平常时节人们只要有闲暇的时间，都会唱上几句"花儿"，曲调悠扬，歌声像一股清泉般漫过心间。

《玛纳斯》

■　**2009年，《玛纳斯》被正式列入联合国教科文组织人类非物质文化遗产代表作名录。**

《玛纳斯》是柯尔克孜族的英雄史诗，传唱千年，体现了柯尔克孜人顽强不屈的民族性格和团结一致、永不服输的民族精神。《玛纳斯》是中国少数民族的三大英雄史诗之一，另外两部分别是藏族、蒙古族等民族共同创造的长篇英雄史诗《格萨（斯）尔》和蒙古族英雄史诗《江格尔》。

《玛纳斯》从民间汲取了神话、部落传说、英雄传说、大量的民俗歌谣等，最终将其融合为一部史诗，以英雄人物"玛纳斯"命名。

它产生于10世纪，形成于13世纪，是柯尔克牧族世代口头传唱的民间文学。主要内容是颂扬英雄玛纳斯和他的7代子孙率领柯尔克孜族人民与外来入侵者以及各种邪恶势力斗争的事迹。

柯尔克孜族是一个古老的游牧民族，在历史上他们屡遭异族的侵略，在反侵略的征战中，涌现出了一些英勇无畏的英雄人物。于是，柯尔克孜族人就把不同时代的英雄事迹，还有自己的理想和愿望，以及对和平、幸福生活的憧憬和追求，都融入了《玛纳斯》的创作中，丰富了它的内容。

整部史诗不仅歌颂英雄，也表现出柯尔克孜民族英勇善战、百折不挠的精神，非常震撼人心，鼓舞了一代又一代的柯尔克孜族人。每当他们遭遇苦难时，只要想到《玛纳斯》中的英雄人物，就会获得一种和困难抗争的力量。

表演者在表演《玛纳斯》时，是不用伴奏的，情节变化、人物的情绪波动，都是由歌手的面部表情、手势以及演唱曲调等来表现的。其表演非常有感染力，演唱到动情处时，听众都会感动得落泪。在演唱《玛纳斯》的过程中，听众和表演者的互动也非常重要。

《玛纳斯》在柯尔克孜族中几乎是无人不知、无人不晓。千百年来，不管历史如何变迁，一代又一代的柯尔克孜族人都是听着《玛纳斯》长大的，他们从中了解自己民族的历史，铭记那些英勇善战的先辈。

在柯尔克孜族人的心中，玛纳斯就是一个"神"，是不可侵犯的。他们相信玛纳斯的灵魂会永远保佑他们，甚至以自己是玛纳斯的子孙后代而感到自豪。

《格萨(斯)尔》

■　2009年，《格萨(斯)尔》被正式列入联合国教科文组织人类非物质文化遗产代表作名录。

《格萨(斯)尔》史诗是迄今为止人类所拥有的篇幅最长、内容最浩瀚的活态史诗，是研究中国古代西部少数民族社会历史、民族交往、道德观念、民风民俗、民间文化等问题的百科全书。

《格萨(斯)尔》由藏族和蒙古族等民族共同创造。藏族称为《格萨尔》，蒙古族称为《格斯尔》。它是一部活态史诗，至今仍有艺人在民间说唱，千百年来从未断过。

《格萨(斯)尔》历史悠久，最早可追溯到17世纪后半叶，主要内容是叙述格萨尔王一生的丰功伟绩。

在历史上，格萨尔王是真实存在的人物，只不过被神话了。关于他的由来，流传最广的一种说法颇具神话色彩。据说在很久以前，天灾人祸遍布藏区，为了帮助人类降妖伏魔，莲花生(藏传佛教中的神)转世投胎，化身格萨尔王。格萨尔王从诞生之日起就为民除害，造福百姓，历经种种艰辛后，终于顺利完成任务，返回天界。人们为了纪念和传颂格萨尔王的英雄故事，就创作了史诗《格萨(斯)尔》。

整部史诗的主题是降妖伏魔，为民除害。史诗主要分三个部分，分别是格萨尔王的降生、格萨尔王斩妖除魔的过程、格萨尔王完成任务后返回天界。而在整部史诗中，第二部分"征战"所占的篇幅最大，内容也最丰富，非常有吸引力。

《格萨(斯)尔》在青藏高原地区流传最广。流传方式有口头传唱和手抄本两种。迄今有记录的说唱本约有120

多部，仅韵文就长达100多万诗行、2000多万字，堪称民族文化的"百科全书"。

除了藏族、蒙古族外，《格萨（斯）尔》也在其他多民族中传播。它不仅是传承民族文化、凝聚民族精神的重要纽带，同时也是各民族相互交流和相互理解的生动见证。这部史诗还流传到了境外的蒙古国以及喜马拉雅山以南一些国家和地区。

20世纪50年代之后，藏族、蒙古族等民族的生活方式发生了变化，职业化的《格萨（斯）尔》说唱艺人开始减少。一批老艺人相继辞世，史诗传承面临着中断的危险。后来，国家开展了一系列的保护和抢救工作，《格萨（斯）尔》的收集、整理、翻译、研究、出版都取得了较大成就。

侗族大歌

■　**2009年，侗族大歌被正式列入联合国教科文组织人类非物质文化遗产代表作名录。**

　　侗族大歌是在侗族地区流传的一种多声部、无指挥、无伴奏、自然和声的民间合唱形式。侗族是中国少数民族的一员，据传是古代越人的后裔，是一个极富创造性的民族。有民谚说："侗人文化三样宝：鼓楼、大歌和花桥。"其中的"大歌"是看不见、摸不着，只能用耳朵和心灵去捕捉与欣赏的民间音乐。

　　侗族大歌起源于春秋战国时期（前770—前221），距今已有2500多年的历史，通常在民俗节日时演唱。

　　在漫长的历史长河中，侗族之所以能创造出震惊世界的"大歌"，和侗族丰富多彩的民俗文化是分不开的。侗族是一个爱好和平、注重团结的民族，而且侗家人都喜歌、爱歌，以会唱歌为乐、以会唱歌为荣，把音乐当作精神的粮食。这些民俗文化是侗族大歌生存的肥沃土壤。

　　侗族大歌没有独唱，需要3人以上的歌班才能演唱。参加演唱的人越多，效果越震撼，越能发挥出"大歌"非凡的魅力。所以，几乎每个侗寨都有自己的歌队，有的侗寨甚至有10多个歌队。可以说，侗家人几乎都会演唱"大歌"。

　　侗族大歌的主要表演形式是多声部、无指挥、无伴奏的清唱，并在歌唱中模拟鸟叫虫鸣、高山流水等大自然的声音。它的主要内容是歌唱自然、劳动、爱情和友情，呈现出人与自然、人与人之间的一种和谐之声。有人说，正是受这种和谐之声的影响，凡是有"大歌"流行的侗族村寨，都犹如世外桃源一般，民风淳朴，和谐友爱。

　　"大歌"的表演多安排在一些民俗活动中。侗族人有

自己的一些特殊民俗节日，像"侗年节""吃新节"，这时候，村与村之间、寨与寨之间会举行热闹的对歌比赛。这也是未婚男女寻找伴侣的良机，侗族青年男女常常通过唱"大歌"的形式初识、相恋，最终结下良缘。

作为一个没有文字的民族，侗家人通过歌的传唱，把民族文化一代又一代地传承下去，并不断丰富内涵、美化形式，最终形成了享誉世界的文化瑰宝。

近些年，侗族大歌开始走出国门，到世界各地去演出，所到国家包括日本、韩国、美国、德国等。演员们以文化交流的方式，为当地人献上了一场场听觉盛宴，一次又一次用歌声征服了不同国家听众的耳朵。

但近些年，由于外出人口增多，歌班变少，侗族大歌面临着后继无人、濒临失传的尴尬境地。为了保护和传承这一颇具特色的民间音乐艺术，国家制定了许多政策，如加大宣传、在侗族村寨培养传承人、把侗族大歌引进课堂等。

藏戏

■　**2009年，藏戏被正式列入联合国教科文组织人类非物质文化遗产代表作名录。**

藏戏是戴着面具、以歌舞演故事的藏族戏剧，流传于青藏高原。藏戏的藏语名是"阿吉拉姆"，意思是"仙女姐妹"，是集戏剧、音乐、文学、舞蹈为一体的综合性艺术。藏戏是中国少数民族戏剧中历史最为久远、流传最为广泛的剧种之一。

藏戏是藏族的宗教艺术，有着十分悠久的历史。关于藏戏的由来，历史上有很多种说法。流传最广的一种说法是：14世纪时，藏传佛教噶举派僧人唐东杰布为了让百姓渡过雅鲁藏布江而募集善款建桥。为了能够筹集更多资金，他组织人进行演出，最初找了7位能歌善舞的姑娘来充当演员。她们的演出既有明确的角色分工，又有故事情节，因而深受群众欢迎。在以后的演出中，唐东杰布将佛教神话纳入藏戏中，对藏戏的发展作出了杰出贡献，因而被西藏人民视为藏戏的开山鼻祖。

藏戏的演出一般分为三个部分：第一部分是开场表演祭神歌舞，第二部分主要表演正戏传奇，第三部分为祝福迎祥。

到目前为止，藏戏的传统剧目相传有"十三大本"，经常上演的是《文成公主》《诺桑法王》《朗萨雯蚌》《卓娃桑姆》《苏吉尼玛》《白玛文巴》《顿月顿珠》《智美更登》"八大藏戏"，此外还有《日琼娃》《云乘王子》《敬巴钦保》《德巴登巴》《绥白旺曲》等，各剧多含有佛教内容。

相较于其他复杂的戏剧，藏戏的表演艺术比较简单、纯朴。演员的服装从头到尾只有一套。许多角色都是戴着面具表演的，更多的是肢体上的表演，不太注重面部表

情。演员不化妆，角色之间的交流也很少。藏戏基本上是广场戏，很少出现在室内舞台上，一般以雪山江河或者草原大地作为背景，藏戏艺人们就地表演，不需要幕布、灯光和复杂的道具，只要一鼓、一钹为伴奏就可以。

藏戏在西藏流行广泛，在大小节日时都有演出。节日当天，表演者穿着特定的服装，观众则围成一圈，一边欣赏，一边鼓掌，很有气氛。

经过上千年的历史演变，藏戏已和藏族人的生活紧紧联系在一起。藏戏表达了人们祈祷风调雨顺、没有饥荒、人人健康、世界和平的美好夙愿，体现了藏族人民对美好生活的向往。

为了传承和保护这一文化遗产，当地文化部门做了许多努力，筹建藏戏大舞台，每周安排周末一天的时间在专门的剧场里免费进行藏戏展演，还通过网络、论坛等形式，培养藏戏戏迷，扩大藏戏的传播面，让更多人参与到藏戏的保护中来。

京剧

■ **2010年，京剧被正式列入联合国教科文组织非物质文化遗产代表作名录。**

京剧又称平剧、京戏，是中国五大戏曲剧种之一，也是影响最大的戏曲剧种，被誉为中国的国粹艺术。西方人把京剧称为"北京歌剧"。

1930年，梅兰芳带着京剧第一次登上了美国纽约百老汇舞台。美国人惊讶于这种让人仿佛置身于"古老神话世界"里的艺术。梅兰芳在美国连续演出半年之久，西方世界狂热地爱上了京剧艺术。

徽剧是京剧的前身。清乾隆五十五年（1790），为了庆祝乾隆80岁寿辰，全国各省有名的戏班子都被召进北京演戏，为乾隆庆寿。最早进京的徽剧班是在全国都享有盛名的"三庆班"，随后又有"四喜""和春""春台"等戏班相继进入北京，被合称为"四大徽班"。

为乾隆庆寿后，四大徽班没有南返，而是继续留在北京演出。在唱腔上，他们除了演唱徽调外，也融入了其他戏种的唱腔。徽班演出阵容整齐，上演剧目丰富，所以颇受京城观众的欢迎。后来，一些汉剧演员也加入了徽班，将汉剧的声腔曲调、表演技能、演出剧目融入徽剧中，使徽剧的唱腔日趋丰富完善，唱法、念白更具北京地区语言特点，使京城观众更容易接受。

清道光二十年（1840）至同治四年（1865），徽剧、秦腔、汉剧合流，同时借鉴吸收了昆曲、京腔的特长，京剧正式形成，也出现了第一代京剧演员。

京剧的传统曲目有1000多个。它比较擅长表现历史题材的政治和军事斗争，故事大多根据历史演义和小说话本改编而来，既有整本的大戏，也有一些矛盾尖锐的折子戏，还有一些连台本戏。

京剧在形成之初便进入宫廷，所以它在整体风格上不同于其他地方剧种，塑造的人物类型更多，对技艺的全面性、完整性也要求得更严。

经过几十年的发展，京剧进入鼎盛时期。20世纪一二十年代，优秀京剧演员大量涌现，呈现出流派纷呈的繁盛局面。这一时期的代表人物有杨小楼、梅兰芳、余叔岩等。

京剧不只在国内享有盛名，还走出了国门，走向了世界，让世界更多地了解了中国文化。今天，为了让更多年轻人了解这一国粹，京剧艺术进入了教育课堂，有关机构还举办各种艺术节和表演活动，倡导人们更多关注京剧艺术。

麦西热甫

■ 2010年，麦西热甫被正式列入联合国教科文组织人类非物质文化遗产代表作名录。

麦西热甫是维吾尔民族文化传统最为重要的载体。麦西热甫是一种舞蹈和娱乐活动形式的名称，是有众多人员参加的、以歌舞为主的大型自娱自乐的活动。

麦西热甫历史悠久。在维吾尔族祖先从事渔猎、畜牧生活的时代，就产生了在旷野、山间、草地等户外场所即兴抒发豪情壮志的歌舞，被统称为麦西热甫（意为"聚会"）。同时，维吾尔族先民在举行祭祀、祈福、庆典活动的时候，也会表演麦西热甫。

麦西热甫的表演方式非常多样化，有舞蹈、歌唱、说笑话、做游戏、即兴吟诵等。它不是那种规规矩矩的表演，而是一种群众性自娱的舞蹈和歌唱，有很大的随意性。人们用歌声消除愁闷，用舞蹈驱散疲惫，在各种夸张的表演中得到心灵的满足。其表现内容主要以野外狩猎、喜庆丰收和欢乐生活为主。

麦西热甫内容非常丰富，舞蹈奔放热情，歌声嘹亮喜庆，所以在维吾尔族群众的生活中，无论是诺鲁孜节、古尔邦节和其他传统节日，还是庆祝丰收和婚庆活动，都少不了麦西热甫，气氛非常隆重，场面十分盛大。每当这个时候，人们都盛装出席，哪怕路途遥远、穿越沙漠也会来到规定的场地参加麦西热甫盛会。

在这样有组织的麦西热甫活动中，歌舞是其中的一项重要内容。盛会开始后，随着音乐响起，人们会自发地起身入圈，跟着音乐的节奏而手舞足蹈，也会邀请周边的人共舞，场面非常热闹。人们脸上洋溢着幸福的笑容，无法掩饰内心的喜悦。跳完一曲后，舞者会将手中的鲜花转交给被自己邀请入场的舞蹈者。鲜花就这样在人们手中逐一传递，更像是传递一种美好的凤愿。

因为麦西热甫不受时间、地点、参与者多少的限制，所以它也成为培养民间艺术家和传承民族文化的主要方式。除此之外，它还起到弘扬伦理道德和陶冶情操的作用。经过历史的演变和发展，麦西热甫已经完全融入维吾尔族人的生活中。

中国皮影戏

■　2011年，中国皮演戏被正式列入联合国教科文组织人类非物质文化遗产代表作名录。

皮影戏，也叫影子戏、灯影戏，是一种传统的中国戏曲艺术，具有浓厚的乡土气息。表演者用灯光把兽皮做成的人物剪影照射在白色的幕布上，画面生动传神，再配合音乐、唱白表演故事。只用简单的道具，皮影戏就可以演绎出不同的剧目。

皮影戏起源很早，距今已有2000多年的历史。可以说，皮影戏是世界上最早的"动画片"。早在元朝的时候，皮影戏就传到东南亚各国，当地居民称它为"中国影戏"。

关于皮影戏的由来，《汉书》记载了一个浪漫的故事。相传，汉武帝因爱妃去世，思念成疾。一个叫李少翁的大臣，想到了一个办法：用布料制作成妃子的形象，借助于帷幕和灯烛进行表演。汉武帝看后龙颜大悦，仿佛爱妃又回到了自己身边，病痛好了很多。后来，这种形式开始在民间流传。

皮影戏能传承数千年，主要是因为它的表演就是讲故事。虽然场地小，但却可以调动千军万马，穿越各朝各代，演绎历史兴衰、英雄事迹，让人百看不厌。

皮影戏的表演一般在晚上。黑夜降临时，观众聚集在舞台前，艺人们躲在白色的幕布后面，一边操纵用兽皮制作的皮影，在幕布上制造出像动画片一样的影像，一边用当地流行的曲调唱述故事，同时还会配上音乐。

皮影戏的表演内容非常丰富，有民间神话、历史故事、爱情故事，还有时装现代戏等。虽然是小小的皮人，但在艺人的操控下，他们可以腾云驾雾、上树爬墙，非常地传神。音乐和唱腔还能调动人的情绪，欢喜的戏剧可以让人心情愉悦，悲情的故事能让观众当场落泪。

除了表演生动传神外，皮影的制作也很有艺术性。首先要选用羊皮或驴皮等材料，经过清洗处理后，在上面进行人形雕刻。雕刻的技术要求非常高，甚至细微到区别出人物的表情。若要笑，嘴要翘，若要愁，锁眉头。为了使人物更加真实，衣服、头饰都要精心刻画。皮人成型后，再安上木棍和各种巧妙机关，以便艺人们进行操作。皮人多种多样，会明显地区分出人物的真善丑恶。

千百年来，中国人一直钟爱皮影戏，逢年过节、仪式庆典等，都少不了皮影戏。但如今，随着人们生活水平和欣赏水平的提高，皮影戏的光环逐渐变得暗淡，观众和市场正在逐渐缩小。

为了挽救和保护这一重要文化遗产，在政府的扶持下，人们对皮人的制作和皮影戏的表演方式进行了改进创新，从以娱乐为主、欣赏为辅向以欣赏为主、娱乐为辅过渡。将来的皮影，将更强调突出其静态的艺术价值，通过场景的布置、角色的表情、丰富的色彩等，展示它独特的魅力。

赫哲族伊玛堪

■　　2011年，赫哲族伊玛堪被正式列入联合国教科文组织人类非物质文化遗产代表作名录。

伊玛堪是赫哲族的曲艺说书形式，流行于黑龙江省的赫哲族聚居区。伊玛堪的表演形式比较特殊，是由一人表演的无乐器伴奏的说唱，大体上以说为主，以唱为辅。说的主要是故事情节和背景，唱的则是人物对话和心理。

伊玛堪至迟在清末民初已经形成，距今已至少有上百年的历史。

赫哲族是一个没有文字的民族。为了向后人传授历史文化、生活经验等，他们创造了这种口头传播的艺术，世世代代用赫哲族语言说唱。

伊玛堪的内容丰富多彩，大多叙述古代氏族社会时期部落与部落之间的征战和联盟、氏族之间的爱恨情仇、民族英雄维护民族尊严和疆域完整的故事，也有一些降妖伏魔、追求自由和歌唱爱情的故事，还有讲述渔猎生活以及

风土人情的故事。

这些故事多数围绕赫哲族的英雄展开。他们都有着神奇的出生经历，而且在幼年时就经历了许多苦难，最终成为重情重义、文武双全的英雄好汉。这些英雄好汉为了营救被异族抓捕的父母，会冒着生命危险去远征，同时还能和友善的部落结成联盟，一起作战取得最后的胜利。

伊玛堪曲目长、中、短篇均有，主要的代表性作品有《西尔达莫日根》《满格木莫日根》《木竹林莫日根》《英土格格奔月》《亚热勾》《西热勾》等。

赫哲族人非常重视伊玛堪，打猎、捕鱼、婚丧嫁娶、逢年过节的时候，他们都要说唱伊玛堪，通过这样的表演，来歌颂民族英雄、赞颂自己美丽富饶的家乡。

伊玛堪是赫哲族的重要文化符号，具有重大的历史意义和价值。随着社会的发展，伊玛堪也面临着种种困境和失传的风险，当地政府制定了许多保护措施，如培养指定传承人、成立研究团队等。相信在大家的努力下，伊玛堪一定会代代传承下去。

02

传统节日
与民间信仰

端午节

■　**2009年，端午节被正式列入联合国教科文组织人类非物质文化遗产代表作名录。**

　　端午节是中国的传统节日，迄今已有2000多年的历史，节期在每年的农历五月初五。随着时代变迁，端午节的内涵日益丰富，由驱毒避邪等习俗衍生出各地丰富多彩的祭祀、游艺、保健等民间活动，主要有祭祀屈原、纪念伍子胥、插艾蒿、挂菖蒲、喝雄黄酒、吃粽子、龙舟竞渡、避五毒等。

　　端午节又称端阳节、龙舟节、重午节等。端午节与春节、中秋节、清明节并称为中国四大传统节日。

　　关于端午节的由来，历史上有很多种说法，流传最广的是纪念一位叫屈原的诗人。2000多年前的战国时期，楚国有一位非常正直又有才华的爱国诗人，名字叫屈原。但是正直的屈原并没有得到楚王的重视，他郁郁寡欢，最终投汨罗江而死。当地老百姓听到屈原自杀的消息后，非常难过，他们怕屈原孤单，就荡舟江上纪念屈原。此后逐渐形成了端午节龙舟比赛的习俗。

　　龙舟比赛是端午节最重要的习俗。到了这一天，人们会先举行各种祭拜仪式，多祈求农业丰收、风调雨顺、祛灾难、事事如意，也保佑划船平安。赛手们头上、腰上会各缠上一束红布。鼓声响起后，龙舟就像一支支离弦的箭，在平静的江面上疾驶如飞。赛手们动作整齐划一，拼命往前划。两岸观看的人们都会大声呐喊，为赛手加油，有的还会敲打锣鼓，气氛相当热烈。

　　传说，为了不让江里的鱼虾吃掉屈原的尸体，老百姓会将好吃的东西用竹叶包成菱角状的粽子，纷纷投到江里，于是后来就有了端午节吃粽子的习俗。粽子的食材很

讲究，主要用荷塘边盛产的嫩芦苇叶或者竹叶来包，形状为三角形或长方形。叶内的馅料多种多样，在糯米中掺杂肉、板栗、红枣、红豆、松子仁等，味道甜咸皆有，既美味可口，又能益气开胃。为了迎接端午节，民间还有许多丰富多彩的习俗，比如拴"五色丝线"。在中国的传统文化中，青、红、白、黑、黄五色被视为吉祥色，所以，端午节这天，人们就在手上、脚上系上五色丝线，用来祈福和避邪。

　　几千年来，中国人都非常重视端午节。这一天，寄托了人们祈福和避邪除灾的美好愿望。

妈祖信俗

■　2009年，妈祖信俗被正式列入联合国教科文组织人类非物质文化遗产代表作名录。

　　妈祖是中国影响最大的航海保护神。10世纪时，福建湄洲岛的妈祖为救海难而献身，被该岛百姓立庙祭祀，成为海神。随着航海业的发展和妈祖影响的扩大，历代朝廷均尊崇妈祖。妈祖信俗是以妈祖宫庙为主要活动场所，以习俗和庙会等为表现形式的民俗文化。湄洲岛是妈祖祖庙的所在地。

　　关于妈祖的生卒年和家世背景，历史上有很多种说法。妈祖大致生活在10世纪的湄洲岛，她为人正直，无私地帮助她的同胞乡亲，28岁那年，因为试图营救海难中的幸存者而牺牲。海上渔民为了纪念这位美丽、善良、热情的姑娘，就在岛上建了妈祖庙，奉她为海神，并在特定的日子祭拜妈祖。

　　祭祀妈祖有两种方式，一种是日常祭祀，一种是庙会祭祀。日常祭祀主要是由信徒们到妈祖庙向妈祖神像行礼、献鲜花、点香火、摆放贡品、燃放鞭炮等，这是一种小型的祭祀活动，也是人们祈求平安的一种方式。

　　相对于日常祭祀，庙会祭祀就比较盛大了。庙会祭祀于每年农历三月二十三日妈祖诞辰之日和九月初九妈祖"升天"忌日举办。为了迎接妈祖诞辰日盛大祭典，在三月初的时候，就会有戏班子来演戏，白天、晚上连续演出，少则半个月，多则一个月。到了妈祖纪念日前一天，各地的信徒都会带着祭品来朝拜，一天24小时人流不断。

　　纪念日当天更是人山人海，人们轮流祭拜，妈祖庙里摆满了鲜花、食品，香烟缭绕。信众们会在妈祖神像的颈项处挂上用红绳子系的金锁、银锁或钱币。湄洲妈祖祖庙还会进行舞龙、舞狮、摆棕轿、耍刀轿、舞凉伞等民俗表

演。参加演出的人员多为民间艺人，他们个个身怀绝技，能文能武，为观众奉献精彩的演出。观众人数最多的时候高达几十万人，场面非常壮观。

除了盛大的祭祀活动外，为了表达对妈祖的敬仰，在湄洲当地还有很多民俗活动。每年农历正月初八到十八，每个家族都会举行感恩苍天的仪式，男女老少都要参加。他们统一着装，到妈祖像前敬请妈祖来家中参加元宵节活动。父母还会到妈祖庙祈请小香囊，戴在小孩身上，或给小孩佩戴妈祖的玉像。不管是香囊还是妈祖像，都有保平安的美好寓意。

千百年来，世世代代延续下来的盛大庙会、生活习俗和民间传说，都体现着人们对妈祖精神的敬仰和礼赞、对美好生活的追求和向往。

羌年

羌年为羌族的传统节日，在每年的十月初一举行庆祝活动。按照习俗，节日期间要还愿敬神，敬祭天神、山神和地盘业主（寨神），以祈求平安。

羌年历史悠久，早在秦汉时期（前221—公元220）就已经形成。关于羌年的由来，有一个美丽的神话故事：相传，天神的妹妹木姐珠看上了人间的羌族小伙子，于是就下凡和小伙子结婚。父母陪嫁了树种、粮食、牲畜。木姐珠为了感谢父母，就将丰收的林木、硕果、牲畜摆放在原野上，向天祈祷。这一天恰巧是羌族农历的十月初一，所以羌族的后代就把这一天定为自己的节日，也就是羌年。

羌年在羌族人心中和春节同等重要。整个节期一般是3—5天，这期间会有许多传统习俗。酒歌是羌年里最重要的习俗之一，是一种传统的歌唱形式。唱歌的时候，主客并排坐着，轮流对唱。他们的歌声节奏缓慢、旋律优美、声音高亢，歌词主要表达吉祥、酬谢的意思，或者是叙述自己家族的历史与追忆祖先的业绩。

节日的歌唱常伴以舞蹈，形式有"跳锅庄""跳盔甲""皮鼓舞"等，而以"跳锅庄"最为流行。参加跳舞的人数少则几人，多则十几人。音乐响起后，一唱一落，男女互相变换位置，跟着音乐舞动着身躯，观众会不断地鼓掌喝彩，到处洋溢着热烈的节日气氛。

除了唱歌跳舞外，羌年传统活动还有祭祀。到了这一天，寨上村民们都会盛装参加。祭品一般是各家用面做的牛、马、鸡、羊，以此来供奉天神和祖先，有的村寨还会祭祀山神。到了祭祀山神的时候，每家都会派人带着祭品来参加，现场宰羊，羊血洒在神坛前，羊头用来敬山神，仪式结束后，敬神的肉会分给各家各户。大家围坐在一起，在欢歌笑语中，吃着敬神的肉食，豪爽饮酒，非常热闹。

为了迎接羌年，民间还有许多丰富多彩的习俗，家家户户会贴对联、杀猪宰羊，举行盛大的家宴。家家都会摆上肥而不腻、香滑可口的猪膘肉和特色美味的洋芋糍粑，用来招待客人，这一习俗也展现了羌族人热情好客的民风。

如今，因很多年轻人外出打工，加之外来文化的冲击，庆祝羌年的人越来越少。又因地震等自然灾害导致羌年所依托的社会空间与文化场所，如神山、祭坛、村舍、碉楼等祭祀场地受到严重破坏，羌年的传承面临着前所未有的挑战。

当地政府为了羌年能够代代传承，做了许多工作。首先，对羌年代表性传承人实施资助，使其基本生活得以保障，专心于羌年的传承。其次，定期组织、举办培训班，由代表性传承人担任传授者，让羌族各年龄段的民众都来学习。此外，还会定期在羌年文化博物馆进行活态展示。经过多年努力，羌年传统文化习俗的抢救已取得了很好的成效。

送王船

■　**2020年，送王船被正式列入联合国教科文组织人类非物质文化遗产代表作名录。**

"送王船"是流传于中国沿海渔港、渔村的一种传统民俗，人们通过祭海神、悼海上遇难的英灵的方式，祈求风调雨顺，国泰民安。

"送王船"起源于明清时期，距今已有数百年的历史。最早形成于闽南一代，是一种非常富有闽南特色的民间习俗。而随着人口的迁徙，这一习俗逐步传播到了中国台湾以及东南亚等地区，发展成为一种很特殊的、大型的海洋祭祀活动。

"送王船"活动每三年或四年举行一次。到了"送王船"的日子，人们就会花巨资打造一艘非常华丽的"王船"。王船的船身、尺寸和结构，都和真船差不多，包括船上的零件等，一样都不会缺少。

人们先是为王船"化妆"，在船头的正面画上狮头图案，然后按照惯例，在船头的两侧插上旗子。

船尾的正面则会绘上大龙。船舷上方会插上60个小纸人，分别代表了"船员、水手、天将"等不同的身份，它们依次列队，非常有仪式感。

一般"送王船"的活动会持续5天左右。到正日子的时候，人们会拿着水果、鲜花等贡礼来祭拜"王船"。主办方则会拿出猪头、猪肚、鱼、鸡、鸭祭品进行祭拜。

祭拜仪式结束后，所有祭品都会被包裹在一个红色的袋子里，放入大海中，随着海浪慢慢漂向远方，这不仅是为了祭拜神仙，也是为了告慰曾经葬身于大海中的英灵们。

除了贡礼祭拜外，还会有歌仔戏表演、斋醮等活动。

其间还穿插着舞龙、舞狮等节目，热闹的气氛就像过节一样，人山人海，非常隆重。

最后的点火仪式一般会在下午进行。提前选出的乩童会用纸钱引火，众人都会上去帮忙点火。不一会儿，就会听到"王船"的船身传来"噼噼啪啪"的焚烧声。

听到这个声音后，渔民们都会纷纷跪地，冲着王船跪拜，并祈求上苍能够保佑人们风调雨顺，将平安、吉祥赐给自己。

因"王船"体积庞大，整个燃烧过程需要3个小时。等到王船沉底化为灰烬了，渔民们才会转身离去。

"送王船"的习俗，更像是人们的一种信仰，寄托了人们对美好生活的憧憬和愿望，所以备受当地百姓们的重视。

03

传统美术
与工艺

中国篆刻

■　**2009年，中国篆刻被正式列入联合国教科文组织人类非物质文化遗产代表作名录。**

中国篆刻是以石材为主要材料、以刻刀为工具、以汉字为表象的一门独特的镌刻艺术。它由中国古代的印章制作技艺发展而来，距今已有3000多年的历史。

篆刻又叫治印，因为自古治印多用篆书，所以才有了"篆刻"这个称呼。篆刻艺术是篆法、章法、刀法三者完美的结合。一块小小的方印中，蕴藏着博大精深的中国文化，既有豪壮飘逸的书法，又有优美悦目的绘画构图，还兼具刀法生动的雕刻神韵，故有"方寸之间，气象万千"的说法。

在中国，早在3000多年前的商周时代，就有了篆刻的雏形。当时古人们在龟甲和兽骨上用刀具刻画下文字，主要用来占卜吉凶。而篆刻的真正形成，是在春秋战国时期，那时称"印玺"，主要材料是玉石和青铜。印玺是统治

者发号施令的凭证，不论战时还是平时，印玺都代表了其主人的意志，所有人见到印玺，就如同见到其主人。

在春秋战国至秦朝以前，篆刻印章的称呼是"玺"。秦始皇统一六国后，他成了天下最有权威的人，为了突出皇帝身份的尊贵，秦始皇就下令规定"玺"为天子专用，大臣和民间私人用的只能称为"印"。后来就逐渐形成了帝王用印称为"玺"或"宝"、官印称为"印"、将军用印称为"章"的传统。所以古时候，玺印就是权力的象征，一块小小的玺印既能让人臣服，也能调动千军万马。

因为秦朝存在的时间比较短，前后不过15年，留下的印玺并不多。到了汉代才是篆刻发展的辉煌时期，有大量的印章流传后世。当时除了上层社会以外，印章在民间也很常见。因为社会的需要，篆刻字体更加丰富，出现了以虫鸟做装饰的印章。制作印章的材料也发生了变化，秦朝时都用玉，而到了汉代以后因为用途广泛，用的材料也多种多样，除了玉以外，还有金、银、铜等。每种材料代表的意义不同，往往地位越高的人，其印章用的材料越昂贵。

一枚小小的印章，蕴含的意义却不简单。无论是古时还是现代，篆刻艺术都既强调中国书法的笔法、结构，又突出了篆刻中自由、酣畅的艺术表达，深受中国文人及普通民众的喜爱。篆刻艺术作品既可以独立欣赏，又可以在书画作品等领域广泛应用。

中国雕版印刷技艺

■ **2009年，中国雕版印刷技艺被正式列入联合国教科文组织人类非物质文化遗产代表作名录。**

雕版印刷技艺是运用刀具在木板上雕刻文字或者图案，再用墨、纸、绢等材料印刷、装订成书籍的一种特殊技艺，迄今已有1300多年的历史，比活字印刷技艺早400多年。它开创了人类复印技术的先河，在世界文化传播史上发挥了重要作用，在印刷史上有"活化石"之称。

20世纪初，人们曾在敦煌遗书中发现了一部雕版印刷的《金刚经》，其卷尾处有"咸通九年"的字样。咸通九年是公元868年，这表明雕版印刷早在中国唐朝时期就已经出现。此后，人们又陆续发现了一些唐代中期的印刷品。所以，一般认为中国古代的雕版印刷技艺最早可能出现在唐朝初年的贞观年间（627—649）。

雕版印刷的印品一开始只是在民间比较流行，在当时属于新鲜事物，多用于印刷佛像、经咒、发愿，后来运用到诗歌上。9世纪时，著名诗人白居易的诗歌广为流传，老百姓就拿着印刷出来的白居易的诗集做交易，换取茶、酒之类的生活必需品。

随着社会的发展，雕版印刷开始逐渐被官府和上流社会采用。到了宋朝的时候，雕版印刷已经非常普及了，官刻、家刻、坊刻都开始陆续出现。因为印刷精美、校勘精准，宋版的书也成为后世人追捧的宝物。

雕版印刷的工艺非常复杂，刻版也很有讲究。作为一门历史悠久的工艺，它具有非常实用的价值，而且雕版印刷的书籍也有很高的艺术收藏价值。

但随着现代印刷技术的兴起，雕版印刷也面临着失传的困境。为了将这门历史悠久的传统手工艺传承下去，"杭集刻字坊"第三代传人陈义时创办了雕版印刷技艺传习所，将已经退休回家的老艺人重新召集起来，招募一批有志于雕版印刷的学员，传授技艺。陈义时的爷爷在清朝光绪年间（1875—1908）就开创了杭集镇最大规模的刻字作坊，后来他的父亲成为继承人，成了远近闻名的雕版师，接刻了《四明丛书》《扬州丛刻》《暖红室汇刻传奇》等扬州历史上一批著名的古籍。如今，陈义时成了第三代传人。经陈义时和同事们的巧手刻补，《礼记正义校勘记》《欠伸稿》《里堂道听录》等一大批历史古籍文献得到抢救性保护，传统古籍雕版印刷的全套工艺在扬州一脉流传下来。

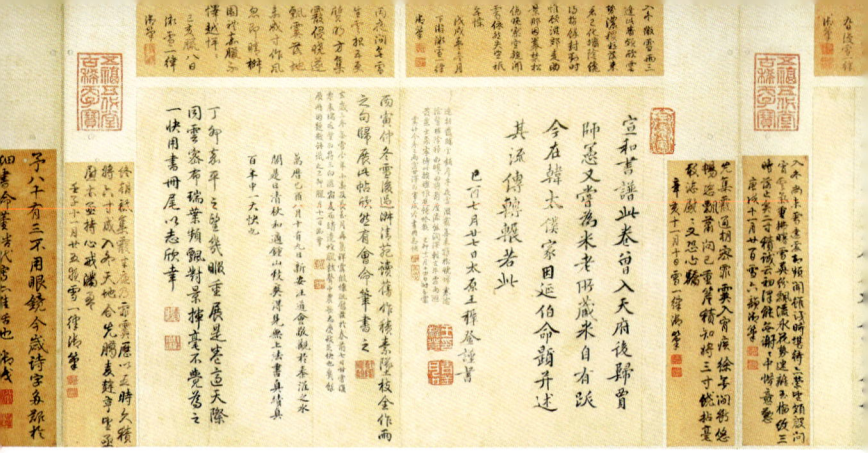

中国书法

■ **2009年，中国书法被正式列入联合国教科文组织人类非物质文化遗产代表作名录。**

中国书法是一门古老的汉字的书写艺术。它不仅是中华民族的文化瑰宝，在世界文化艺术宝库中也别具一格，让无数人叹服。

中国书法历史悠久，源远流长。书法艺术开始于汉字的产生阶段。中国有迹可考的最早的成熟文字，是距今3000多年前商周时期的甲骨文。甲骨文是刻在龟甲或兽骨上的文字，古人主要用它来占卜未来的事情。

随着历史的发展和变迁，书法也在不断地进化和演变，从最初的甲骨文进化到金文、石鼓文、篆书、隶书、楷书、草书、行书，整个发展轨迹清晰可见。

先秦时期，最具代表性的是甲骨文、金文和石鼓文。公元前221年，秦始皇灭六国，一统天下。为了巩固自己的政权，他对文字进行了两次改革，推行小篆和隶书。尤其是隶书的推广，为后来书法的发展开辟了广阔的道路，之后的汉隶、楷书、行书、草书皆是在秦隶的基础上发展变革而形成的。

书法的演变和朝代息息相关，历史上很多次改朝换代后，书法也会经历重大变革。例如，汉朝时，隶书分变为

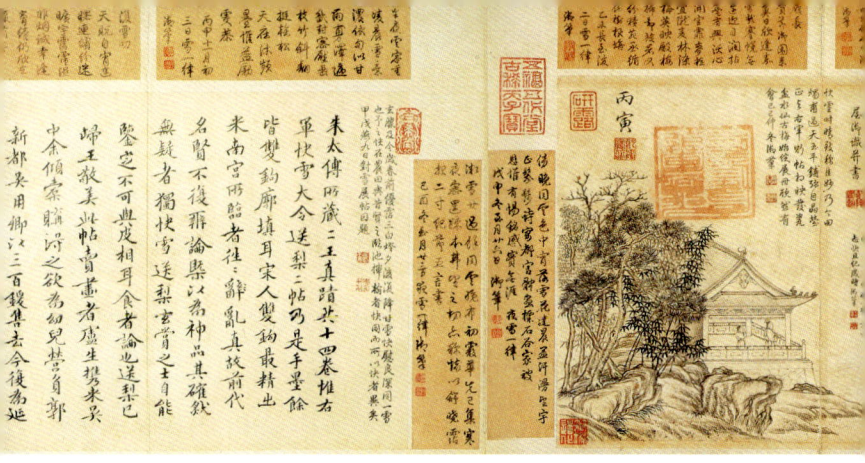

章草、真书、行书；魏晋时期，真书、行书、草书基本定型；唐朝时，因为经济繁荣，文字也得到了空前的发展，成为中国书法史上最繁盛的时期，楷书、行书、草书都跨入一个新的境地，对后代的影响也远超过其他任何时代；宋朝书法的风格常常以帝王的好恶、权臣的书体为转移，影响和限制了书法的发展，所以宋朝300多年，书法发展比较缓慢；元朝书法崇尚复古，延续晋、唐时期的风格，很少创新，只是在真行、草书方面，成就稍微大些；明朝时期，因士大夫清玩风气和帖学的盛行，影响书法创作，虽然也出现了一些大家，但纵观整朝，没有重大的突破和创新；清朝是书法发展史的又一波高峰，清朝的皇帝们对书法都颇有兴趣，这在无形中也推动了书法的发展。

书法不仅仅记录了历史的发展和进程，更体现了万事万物的"对立统一"这个基本规律，还反映了人的精神、气质、学识和内在修养。中国书法一直散发着独特的魅力。从书法的演变中，可以感受到古人的智慧和博学。

现代书法更是百花齐放，人们在继承古代书法的同时，不断地创新。学习和传承中国书法，不仅可以提升个人文化素养，还可以弘扬中国文化。

中国剪纸

■ **2009年，中国剪纸被正式列入联合国教科文组织人类非物质文化遗产代表作名录。**

中国剪纸是用剪刀或者刻刀在纸上剪刻花纹、用于装点生活或者在特殊传统民俗活动时作为装饰的民间艺术，它表达了广大劳动人民的审美情趣、生活理想和道德观念等。

关于剪纸的由来，流传最广的一种说法是起源于古人祭祖祈神的活动之中。据说，最早的剪纸艺术出现在春秋战国时期，当时人们多在金箔、皮革和树叶上，通过雕、镂、剔、刻、剪等镂空雕刻的技法，制成各种各样形象生动的艺术品。不过，春秋战国时期还没有纸张，那些镂空雕刻工艺只能说是后来真正的剪纸艺术的前奏曲。一直到纸张出现，剪纸艺术才算真正发展起来。在汉代时，中国发明了造纸术，这个时候纸张剪纸才真正出现。

在中国，剪纸具有广泛的群众基础。从古至今，这门古老的工艺都是在民间比较流行，具有浓厚的民间艺术特色。剪纸的用途十分广泛，平日里可以用于美化和装点生活。家里有喜事或者逢年过节的时候，都会用剪纸来装饰。而那些精致、形象生动的剪纸作品，大多数都出自心灵手巧的农家妇女之手。人们把美丽鲜艳的剪纸贴在雪白的墙上或者窗户上，节日的气氛被渲染得更加浓郁喜庆。

作为一种流传上千年的古老民间艺术，剪纸的种类非常多，如窗花、喜花、礼花、鞋花、剪纸团花、剪纸汉字、剪纸图画等。中国的十二生肖也是剪纸的题材，那些心灵手巧的妇女，只用一把刻刀或者剪刀，就可以剪出惟妙惟肖的小动物形象。

虽然起源和流传于民间，但剪纸的图案十分讲究，有

"图必有意，意必吉祥"之说。祥和的图案是剪纸作品的主流，尤其是动植物图案，在剪纸作品中的寓意十分鲜明，如葫芦、莲花等图案象征多子，鸡象征吉祥，虎象征驱邪，而松柏则象征长寿。

剪纸不仅表达了人们美好的愿望，也激发出人们对美满幸福生活的渴求。但随着时代的发展，这门传统的民间艺术也面临着失传的困境，尤其是传承人的缺失，更是让剪纸艺术渐渐走向衰落。为了让剪纸艺术得以传承，有关部门加大宣传，通过多种方式培养人们对剪纸的兴趣，包括在校园开设剪纸手工课等，从小培养孩子对剪纸的兴趣。

中国传统木结构建筑营造技艺

■ **2009年，中国传统木结构建筑营造技艺被正式列入联合国教科文组织人类非物质文化遗产代表作名录。**

中国传统木结构营造技艺是以木材为主要建筑材料、以榫卯为木构件的主要结合方法、以模数制为设计尺度和加工生产手段的建筑营造技术体系。古老的木结构营造技艺是以师徒之间"言传身教"的方式世代相传的。代表作有苏州园林、北京四合院、西递宏村、蔡氏古民居、杨阿苗故居等。

传统木结构建筑在中国有着非常悠久的历史，最早可追溯到西安半坡仰韶文化时期（约前5000—前3000）用木柱和茅草建成的茅草房。而在之后的历朝历代，除了人们居住的房屋外，木塔、庙宇等很多建筑也都采用了木结构。

木结构建筑发展到隋、唐、宋时期，逐步程式化、标准化、模数化。经过几个朝代的发展，工匠们用自己智慧的头脑总结出了一套包括设计原则、类型等级、加工

标准、施工规范等在内的完整的营造制度，并以八等级"材"作为模数标准。这是中国传统木框架结构营造技艺的一个里程碑。

这种建筑从总体上来说，是以木结构为主，以砖、瓦、石为辅助材料组合而成的。从建筑的外观来看，每座建筑都是由上、中、下三部分组成，上为屋顶，下为基座，中间为柱子、门窗和墙面。中国古人讲究"天人合一"的理念，所以每座古建筑都很有讲究。

从现存的古建筑来看，中国传统的木结构建筑大多具有优美柔和的轮廓和丰富多彩的外观。传统木结构建筑的类型十分丰富，在园林建筑中尤为突出，如亭、台、楼、阁、厅、廊、坊、榭、轩、舫等。这些木结构建筑都是古代工匠们呕心沥血的作品。经过工匠的巧妙设计和精雕细琢，这些建筑被赋予了不一样的灵魂和艺术色彩。

木结构建筑在中国古代一直占统治地位，不仅仅是普通老百姓的住宅院落采用木结构，像故宫这样的大型皇家宫殿的主要材料也都是木材，砖瓦只是配件而已。

南京云锦织造技艺

■　2009年，南京云锦织造技艺被正式列入联合国教科文组织人类非物质文化遗产代表作名录。

南京云锦织造技艺延续了中国皇家织造的传统，是中国织锦技艺最高水平的代表。它将"通经断纬"等核心技术运用在构造复杂的大型织机上，由上下两人手工操作，用蚕丝线、黄金线和孔雀羽线等材料，织出华贵织物，如龙袍。

南京云锦历史悠久，距离现在已经有1600多年的历史，是中国"四大名锦"（南京云锦、成都蜀锦、苏州宋锦和广西壮锦）之首。

南京云锦的由来，跟南京的城市发展有很大的关系。南京早在古时就非常繁荣，尤其是丝织业比较发达，最早可以追溯到三国东吴时期（222—280）。东晋（317—420）末年，大将军刘裕北伐灭后秦后，就将长安的百工全部都迁到南京，其中织锦工匠的人数最多。417年，朝廷在南京设立了专门管理织锦的官署——锦署，这标志着南京云锦的正式诞生。

在古代，南京云锦多用于制作皇室御用龙袍、冕服，官吏士大夫阶层的袍服，还有民间宗室喜庆服饰等。因为用途比较特殊，南京云锦的做工非常精美，造价也昂贵，一般都是用金线、银线、铜线及长丝、绢丝、各种鸟兽羽毛等材料织造的。南京云锦具有鲜明的中国传统文化底蕴，色彩艳丽，做工精美，其织造技艺至今仍无法用现代机器加工替代。

云锦上的纹样图案寓意深刻，其"权、福、禄、寿、喜、财"六字要素表达了中国吉祥文化的核心主题，也表达了人们对幸福平安的祈求和对美好生活的向往。

　　值得一提的是，云锦的工艺也非常独特，从纹样设计到成品，一共需要120多道工序。云锦由老式的提花木机制造，完全靠人的技艺来编织，两个人一天工作8个小时，也只能织出5厘米左右，所以云锦产量很低，价格也非常昂贵，常被形容为"寸锦寸金"。

　　到了清末，受到社会环境的影响，云锦逐渐走向衰落，一度面临失传的风险。中华人民共和国成立后，便开始了对南京云锦技艺的抢救、挖掘、整理、研究工作。近些年，为了让人们更加深入地了解云锦技艺，江宁织造博物馆开办云锦研习班，邀请"非遗"传承人担任指导老师，以公益培训的形式免费向社会招收学员。同时，南京云锦研究所也在开发一系列文创产品，让云锦走入更多平常百姓家，并经常与外国设计师交流，在增加云锦的国际知名度的同时，也吸收来自国外的艺术灵感。

　　南京云锦木机妆花手工织造技艺是中国古老的织锦技艺最高水平的代表。如今，这一传统文化瑰宝已得到最大化的保护。

热贡艺术

■ **2009年，热贡艺术被正式列入联合国教科文组织人类非物质文化遗产代表作名录。**

热贡艺术是中国藏传佛教艺术的重要组成部分，主要指壁画、唐卡、雕塑、堆绣、刺绣、木刻、木雕像、石刻、砖刻和建筑彩绘等佛教造型艺术。热贡艺术作品造型生动、画工精细、色彩鲜艳、富于装饰性。质朴的画风、匀净协调的设色、惟妙惟肖的刻画，充分体现了藏族人民的勤劳智慧和灿烂文化。

热贡艺术历史悠久，最早可追溯到元朝，距今已有700多年的历史，主要分布在青海省黄南藏族自治州同仁县隆务河流域的吴屯、年都乎、郭玛日、尕沙日等村落，其内容以佛教本生故事、历史人物和神话传说等为主。它最大的特点就是，那些技艺精湛的艺人并不是专业艺术家，而是藏族、土族的农民和寺庙里的僧人。艺人最初的创作是为了满足大量兴建的寺庙的需求，这表现出了这里的人们对宗教的执着和真诚。

数百年来，在同仁地区的藏族、土族聚居村，村中男子十有八九都传承着从宗教寺院走出来的民间佛教绘塑艺术，因此这里被誉为"藏族画家之乡"。因为同仁地区在藏语中称为"热贡"，所以这一艺术便被统称为"热贡艺术"。

10世纪末到13世纪初，是藏传佛教美术的转变期，也是热贡艺术的发源时期。关于热贡艺术的由来，主要有三个渊源：一是4—5世纪，萨迦派智合那哇及其徒弟们在热贡地区传播佛画艺术；二是11世纪初，藏拉多的年智合尖措三兄弟在尼泊尔学画后到安多热贡定居，传播佛画艺术；三是清康熙四十九年（1710）桑俄才培修建拉卜楞寺时，他的曼唐派画法传入热贡地区。因为渊源的不同，热贡艺术的画匠们也都有各自的特点。

　　热贡艺术早期的作品带有典型的印度、尼泊尔风格，整体手法粗放古朴，色彩单纯，笔调豪迈，人物、山水、花鸟、草虫都极其生动传神，画面带给人一种雄浑、博大的感觉。

　　到了17世纪中叶，匠师们不断发展创新，技艺也日趋精湛。这时的作品，线描简练流畅、刚劲有力，所画人物更加形象，画风也趋向华丽、精细，同时开始注重画面的整体装饰效果。

　　热贡艺术绘画的题材非常广泛，其展现的以宗教为核心的大千世界包罗万象，涉及政治、经济、历史、民俗、文艺等社会物质生活和精神生活的各个方面，大体上可分为斯巴霍（即《生死轮回图》）、传记画、偶像画、历史画、风俗画、故事画等。

　　700多年来，热贡艺术凭借精美的设计、艳丽的色彩和精细的线条，不仅在藏族地区广为流传，在其他地区也非常受欢迎，成为中华文化宝库中一枝瑰丽的奇葩。

中国传统桑蚕丝织技艺

■   **2009年，中国传统桑蚕丝织技艺被正式列入联合国教科文组织人类非物质文化遗产代表作名录。**

中华民族是首先发明并大规模生产、使用丝绸的民族。中华民族制作的丝绸制品，开启了公元前2世纪与公元前1世纪之间世界上的第一次东西方大规模的商贸交流。

中国是世界上最早栽桑、养蚕、缫丝、织绸的国家。传说远在黄帝时期，元妃嫘祖就开始将野蚕移入室内饲养，并发明了缫丝织绸的技艺。她先是把蚕茧煮熟，再将蚕茧抽出蚕丝。人们知道后都开始效仿，养蚕变得越来越广泛。从此，嫘祖便被尊称为"先蚕圣母"。

而根据史料记载，早在几千年前的商代，桑蚕丝织就已经十分发达了。殷墟出土的甲骨上，记录了大量有关蚕、桑、丝、帛等方面的象形文字。通过这些文字可以得知，当时人们把祭祀蚕神和祭祀祖先并列，还设有专门管理蚕事的职官"女蚕"。

到了汉代，中国的桑蚕丝织已十分成熟，所生产出的丝绸表面平滑均匀、光洁雅致，深受人们的喜爱。此时，中国已经和许多国家有了贸易往来，丝绸也大批地不断运往国外，成为享誉世界的商品。那时从中国通到西方的大路，被称为"丝绸之路"，而中国也被称为"丝国"。

桑蚕丝织工序非常复杂，先是从一颗蚕茧里抽出蚕丝，再把若干根蚕丝合并成为生丝。生丝经过加工染色后，分为经线和纬线，并按照一定的组织规律相互交织，最后形成丝织物成品。缫丝织绸的材料，全部依赖于蚕茧的丰收。在古时，蚕农们为了祈祷蚕茧丰收，除了勤谨劳作，还会供奉蚕神，以求蚕神保佑蚕花茂盛。

如今，在中国的蚕乡，依然保留着供奉蚕神的习俗。在一些传统的民俗节日和婚丧嫁娶之类重要的日子中，经常能听到"蚕花"二字。蚕花指蚕的收成。

桑蚕丝织是中华民族的文化标识，几千年来，它对中国历史作出了重要贡献，是中国文化遗产中不可缺少的组成部分。

龙泉青瓷传统烧制技艺

■　　**2009年，龙泉青瓷传统烧制技艺被正式列入联合国教科文组织人类非物质文化遗产代表作名录。**

龙泉窑是中国陶瓷史上烧制年代最长、窑址分布最广、生产规模和外销范围最大的青瓷名窑。

龙泉青瓷传统烧制技艺起源于西晋时期（265—317），距今已有1700多年历史。那时，浙江龙泉的老百姓利用本土优越的自然条件，吸取了越窑和瓯窑的制瓷技术和经验，开始烧制青瓷。不过，因为技术和经验不足，这一时期的青瓷作品制作粗糙，样式单调，颜色暗沉，而且窑业规模也不大，主要是家庭手工作坊，并没有形成大规模的专业烧瓷工厂。

经过数百年的传承和发展，到了北宋时期（960—1127），青瓷传统烧制已经形成了一定的规模。南宋（1127—1279）中晚期，龙泉瓷的烧制进入鼎盛时期。此时可以烧制出晶莹如玉的粉青釉和梅子青釉，瓷器青如玉、明如镜、薄如纸、声如磬，可以说达到了青瓷釉色的最高境界。

　　龙泉青瓷传统上分"哥窑"和"弟窑"。哥窑胎薄如纸，釉厚如玉，釉面布满纹片，紫口铁足，胎色灰黑，古雅端庄；弟窑胎白釉青，以粉青、梅子青为最佳，豆青次之，清丽淡雅，含蓄敦厚，是中国古典审美情趣的充分表现。这种青瓷之美，实在令人陶醉。

　　青瓷传统烧制技艺是一项综合了制作性、技能性和艺术性的传统手工艺。其工序非常复杂，具体包括粉碎、淘洗、练泥、成型、晾干、修坯、装饰、素烧、上釉、装匣、装窑、烧成等28道工序，每一道工序之间都紧密相连，体现了工艺师们的匠人精神。

　　在漫长的历史长河中，龙泉人将青山、绿水、蓝天和草地般苍翠的青色一遍又一遍地融进釉层，烧成瓷器。龙泉青瓷恬静淡雅，温润如玉，具有玉文化的内涵，因此被世人誉为人工制造的美玉。《诗经》中有"言念君子，温其如玉"的说法，就是将有德之人喻为玉。而龙泉青瓷釉色与自然界的青绿色调相融合，符合中国人"道法自然"的古典审美理念。

　　千百年来，龙泉青瓷烧制技艺一直服务人们的生活。用这种技艺烧制的茶具、餐具、酒具等，是烧制技术与艺术表现的完美结合。

宣纸传统制作技艺

■　　2009年，宣纸传统制作技艺被正式列入联合国教科文组织人类非物质文化遗产代表作名录。

　　宣纸是中国传统手工纸品杰出的代表。它以青檀树皮为主料，整个生产过程由140多道工序组成。由于宣纸有易于保存、经久不脆、不会褪色等特点，故有"纸寿千年""纸中之王"的美称。

　　关于宣纸的由来，有这样一个民间传说：据说，东汉造纸家蔡伦死后，他的弟子孔丹很想造出一种世上最好的纸，为师父画像修谱。一天，孔丹看到一棵古老的青檀树倒在溪边，由于终年日晒水洗，树皮腐烂变白，露出一缕缕修长洁净的纤维。孔丹将其取回来造纸，终于造出一种质地绝妙的纸来，这便是后来有名的宣纸。

　　不过，关于宣纸最早的文字记载出现在唐朝。当时一位名叫张彦远的书画评论家写了一本《历代名画记》，其中有一句是："好事家宜置宣纸百幅，用法蜡之，以备摹

写。"这说明唐朝时期，宣纸已经用于书画了。后来，南唐后主李煜还曾亲自监制了"澄心堂"纸，此纸"肤如卵膜，坚洁如玉，细薄光润"，是宣纸中的珍品。

宣纸的制作过程非常考究，粗分可分为18道工序，细分可超过100多道，不过有些过程具有保密性，外人不得而知。在宣纸的生产地安徽泾县，至今仍沿用明清时期的纯手工工序：工匠先将青檀树的枝条用热水蒸，然后浸泡、剥皮、晒干，加入石灰与纯碱（草碱）再蒸；将其杂质去掉，洗涤后，再将它撕成细条，晾在阳光充足的地方，经过风吹雨淋后，细条就会变白；然后，将细条打浆入胶，把加工后的皮料与草料分别进行打浆，并加入植物胶搅拌均匀，用竹帘抄成纸，再刷到炕上烤干；最后，将纸剪裁后整理成张。完成整个制作工序大概需要一年的时间。

经过数道工序制成的宣纸，品质纯白细密、柔软均匀、光而不滑、色泽不变，而且久藏不腐，百折不损，防虫防蛀，所以被称为"千年寿纸"。

宣纸深受历代文人墨客的喜爱。用宣纸题字作画，墨韵清晰，浓而不浑、淡而不灰、层次分明，字和画跃然纸上，神采飞扬。宣纸是最能体现中国艺术风格的书画纸。

宣纸是中国劳动人民的艺术创造。到目前为止，这一传统手工技艺仍不能用机制代替。

黎族传统纺染织绣技艺

■　2009年，黎族传统纺染织绣技艺被正式列入联合国教科文组织人类非物质文化遗产代表作名录。

黎族传统纺染织绣技艺是中国海南省黎族妇女创造的一种纺织技艺，它集纺、染、织、绣于一体，是黎族妇女聪明和智慧的结晶。

黎族传统纺染织绣技艺是一项传统手工技艺，特点鲜明，由麻织、棉织、印染、刺绣等工艺合并而成。

据史料记载，黎族是中国各民族中最早掌握纺织技术的民族，早在3000多年以前，生活在海南岛上的黎族先民就已掌握了纺织技术。到了宋元时期，黎族的棉纺技术和棉纺织工艺品已经达到了很高的水平。

黎族是一个没有文字的少数民族，在这种情况下，黎族母亲通过言传身教的方式传授技能。黎族妇女从十几岁就开始学习纺纱、染纱、织布、刺绣的技能，精湛的纺织技术就这样得以世代传承下来。

纺纱就是把棉花脱籽、抽纱，把纱绕成锭；然后将其染色，黎族传统的染料有植物染料、动物染料和矿物染料三种；之后将染好的纱锭用踞织机（又叫"腰机"）进行织布；最后就是刺绣，有单面刺绣和双面刺绣两种。

黎族妇女主要凭自己丰富的想象力和对传统样式的了解来设计织锦图案。黎族织锦上的图案有动植物和自然界的物象等100多种。这些图案大致分为两大类：一类是妇女服饰上的各种花纹图案，以人形纹、动物纹、植物纹、生产工具纹等几何图形的纹样居多；另一类是刺绣在龙被、织棉挂壁等各种装饰物上的图案，以龙纹、凤纹、鹿纹等吉祥纹样居多。龙被是黎族传统纺染织绣技艺所创造的精品，也是代表黎族传统织锦技术最高成就的艺术珍品。

黎族织锦图案风格多样，有的古朴淡雅，有的华贵富丽，有的潇洒轻盈，充分表现了黎族人民的才能和智慧。在没有文字的情况下，这些图案便成了黎族历史文化、宗教信仰和传统习俗的记录者。

随着社会发展和环境变化，黎族掌握纺染织绣技艺的妇女逐渐减少，如今掌握该技艺的黎族妇女已不足1000人，且多为年过七旬的老人，其中掌握织染技艺的不足200人，掌握双面绣技艺的屈指可数，而龙被制作技艺则已无人能够完整地掌握。黎族传统纺染织绣技艺生存已临濒危。为了抢救和保护这一传统技艺，国家采取了一系列措施，在当地建立技艺传习馆，保护和培养该技艺的传承人；建立技艺传承村，促进黎族人民保护传统纺染织绣技艺的自觉性；建立黎族传统纺染织绣技艺研究机构和黎族传统纺染织绣技艺保护官方网站；出版相关学术著作，宣传和发扬黎族传统纺染织绣技艺。

中国木拱桥传统营造技艺

■　　**2009年，中国木拱桥传统营造技艺被正式列入联合国教科文组织人类非物质文化遗产代表作名录。**

中国木拱桥传统营造技艺是以传承人对环境以及结构力学的认知体系为基础，采用原木材料，使用中国传统木建筑工具及手工技法，运用"编梁"等核心技术，以榫卯连接并构筑成极其稳固的拱架桥梁的技艺体系。

木拱桥由桥台、桥身、桥屋组成，有单拱、双拱和多拱之分，桥身如同彩虹一般，故又称"虹桥"。据可考究的历史，木拱桥传统营造技艺在中国已有900多年的历史，最早的图像记录可追溯到北宋时的《清明上河图》中的汴水虹桥。此桥没有柱，居然单拱跨越宽达16.6米的汴河水面，宛若长虹。更神奇的是，它还可以承受桥面上巨大的载重。

浙江省庆元县境内的双门桥是目前有文字记载的最早的木拱廊桥，始建于北宋天圣二年（1024），距今已有近千年历史，比北宋青州（史称木拱桥发祥地）出现的虹桥要早10多年，比《清明上河图》中的虹桥早100多年，而且比各地现存的木拱桥始建最早的记录——合龙桥（福建省闽清县境内）早110多年。

到了明清时期，木拱桥传统营造技艺在中国南方的福建、浙江等地广为流行，数量最多时多达200多座，以此为生的工匠有500多人，工艺世家有30多个。建于明天启五年（1625）的如龙桥（浙江省庆元县境内），是各地木拱廊桥中唯一的全国重点文物保护单位，其结松复杂，工艺精湛，功能完备。

木拱桥之所以在这两省广为流传，主要是因为这两个地方地处中国东南丘陵地带，境内山高林密、谷深涧险、

溪流纵横，为木拱桥的建造提供了独特的自然地理环境和原料。同时，经过数代人的努力，明清时期木拱桥在工艺上也有了一定的发展，如加盖廊屋、增加剪刀撑等。

木拱桥的建造工作通常是由一名木匠师傅负责总指挥、其他木匠一起协作完成。木匠工艺主要通过口头传授和个人示范流传下来。通过师傅对徒弟的教授或是作为家族手艺代代相传，木匠工艺在有些家族已传至七八代人，跨越几百年的历史。在木拱桥从动工兴建到完工的整个过程中，也会伴生出一系列的文化民俗活动，如择日起工、置办喜梁、祭河动工等。

木拱桥也是当地居民重要的聚集场所。桥屋还会放置神龛，供人们祭祀神祇，表达了建桥者和民众祈盼风调雨顺、国泰民安的美好愿望。因此，木拱桥就成了当地民众信仰和精神的寄托，这也是造桥技艺得以延续的原因之一。

但近年来，因为城市化进程加快、木材稀缺、可用建筑空间不足等因素，影响了木拱桥工艺的传承。当地政府采取了一系列保护措施，如为传承人开展传习活动提供保障，开展活态传承，组织相关传承人参与木拱桥保护、修复、重建等过程，通过实践授徒传技，增强项目的传承活力，打造木拱廊桥特色园区，促进文旅融合等。

中国水密隔舱福船制造技艺

■　2010年，中国水密隔舱福船制造技艺被正式列入联合国教科文组织人类非物质文化遗产代表作名录。

中国水密隔舱福船制造技艺，是福建沿海一项重要的木船制造传统手工技艺。它以樟木、松木、杉木为主要材料，采用榫接、艌缝等核心技艺，使船体结构牢固、舱与舱之间互相独立，形成密封不透水的结构形式。

福船是中国福建、浙江沿海一带尖底古海船的统称。其船上平如衡，下侧如刀，底尖上阔，首尖尾宽两头翘，全身上下都蕴藏着美的元素。"水密隔舱"，就是用隔舱板把船舱分为互不相通的舱区。

水密隔舱福船制造技艺堪称造船技艺的"活化石"。这一传统手工技艺大约发明于唐代，宋以后被普遍使用。在福建东北宁德漳湾一带，直到现在还流传着这样一个故事：刘帝美原来生活在闽南一带，世业造船。明朝洪武年间（1368—1398），社会动乱，他逃难到宁德。从此，制造福船的工艺便在这里扎根了。

用水密隔舱技艺制造的福船特点鲜明，在航行时如果有一两个船舱进水，不至于导致全船进水而沉没，之后只要对破损进水的舱进行修复或堵漏，就可使船只继续航行。又因为厚实的隔舱板与船壳板紧密钉合，船体结构更加坚固，所以船的整体抗沉能力得到提高。

漳湾水密隔舱福船，在造船方式、方法上有一整套固定的传统。造船的用料需要选择既轻便、坚固，又耐水的木材。一艘漳湾福船的制造，从备料、立龙骨到上画油漆，全都是手工操作。造船时无须绘制图纸，"图"在师傅心中，造船时凭借经验，造多大船、备多少料，师傅心里

均有谱。

　　漳湾福船船型多样，最具代表性的一种是当地称作
"三桅透"（三桅三帆）的船型。它的制作过程非常复杂，
要经过安竖龙骨、配搭肋骨、钉纵向构件舷板、搭房、做
舵等工序，最后再由油灰工塞缝、修灰、油漆上画，才算
正式完成全船。制造这样一艘木帆船，所用材料也非常多。

　　发掘、抢救、保护原生态漳湾福船，对于传统民间造
船技艺的保留与发展具有重要价值。为了保证这种珍贵民
间手工技艺的有效传承，自2006年起，当地政府不断加大
对该项目的保护和支持力度，每年都会拨出专项经费委托
技艺传承人制造船模，还成立了福船文化展示中心，全面
展示漳湾福船制造的详细过程。这些措施对保护和挽救水
密隔舱福船制造技艺有着重要意义。

中国活字印刷术

■ **2010年，中国活字印刷术被正式列入联合国教科文组织人类非物质文化遗产代表作名录。**

活字印刷术已经有近千年的历史，和造纸术、火药和指南针并称为中国古代四大发明。这一项技术的发明成为印刷史上一次重大的革命。

关于活字印刷术的由来，史料上有明确的记载。北宋庆历年间（1041—1048），有一个叫毕昇的人，他的家境不好，十几岁的时候就去书坊当学徒。学徒期间，毕昇掌握了雕版印刷术的基本工艺，但是雕版印刷的印刷周期很长，印刷成本也很高。毕昇经过反复思考，终于找到了解决的办法，发明了泥活字。

经过毕昇多次试验，活字印刷术大大提升了印刷效率，降低了印刷成本，弥补了雕版印刷的不足。而且活字版印完以后，还可以拆版，活字可以重复使用，大大提高了工作效率。

不过，毕昇的发明并没有得到当时统治者的重视，所

以他所创造的胶泥活字并没有保留下来，但他发明的活字印刷技术却得以流传下来。后来，元代王祯在毕昇的基础上，成功创制木活字，并发明了转轮排字。到明代中期，铜活字也得到广泛应用。

活字印刷是印刷术的一大革命。活字印刷术在发明后不久，就传到了其他国家，大约14世纪传到朝鲜、日本，并影响了欧洲。可以说，活字印刷术是中国对世界进步的一大贡献。

有了活字印刷术，中国乃至整个世界的文化、教育都发生了巨大的变化。就中国而言，突然就进入了一个信息爆炸的时代，印刷的书籍比起前代成倍地增长。图书的普及带动了文化的传播，也推动了教育的发展，这是人类文化史上的一大进步。

如今受到现代科技的冲击，活字印刷术也进入了迫切需要保护的阶段。在浙江温峤镇一位叫陈佩德的老人家里，依然保持着使用活字印刷术的传统。从他太公最初的泥活字印刷到现在他用的铅活字印刷，活字印刷术已经传承四代，如今他们依然坚守着这项技艺。

04

自然界和宇宙的
知识与实践

中医针灸

■ **2010年，中医针灸被正式列入联合国教科文组织人类非物质文化遗产代表作名录。**

针灸疗法是中国医学遗产的一部分，也是中国特有的一种民族医疗方法，千百年来，对保护人们身体健康作出了卓越的贡献。

自从有了人类，就有了医疗保健活动。中医针灸是中国人民在数千年与疾病进行斗争的医疗实践中，随着医疗保健经验的不断积累而创造的，属于中华民族集体智慧的结晶。它的起源可以追溯到遥远的人类文明发源之初，并与传说中的伏羲、黄帝等中华文明始祖有着千丝万缕的联系。

早在6世纪，中国的针灸学术便开始传播到国外。

针灸分两部分，一是针法，二是灸法，合并到一起就是针灸。针法在中国的起源最早可追溯到远古时期。由于人们住在山洞，洞内阴暗潮湿，外加和野兽搏斗，经常会发生风湿和创伤。为了缓解疼痛，人们很自然地用物体去揉按、锤击，或者用石块叩击身体某部分，甚至用尖锐的石器按压疼痛不适的部位，以使原有的症状减轻或消失。最早的针具是砭石。随着历史的发展，针具逐渐发展成青铜针、铁针、金针、银针，直到现在用的不锈钢针。灸法是伴随着火的使用而形成的。古人在用火中，发现躯体的某些病痛受到火的熏烤或灼烧后有所缓解，在得到这样的启示后逐渐发明了灸法。

经过漫长的发展，针灸慢慢地走向成熟。据《左传》记载，春秋战国时期人们就已擅长于针灸。而明代则是针灸学术发展的鼎盛时期，这一时期名医辈出，针灸理论研

究逐渐深化，出现了大量的针灸专著。

　　针灸是一项传统的治疗方法，是一种"内病外治"的医术，通过经络的传导作用以及应用一定的操作方法，来治疗全身疾病。除了预防和医治各种疾病外，针灸也是最重要的养生方法之一，有修复组织、活血、增强免疫力等多重功效。

中国珠算

■　2013年，中国珠算被正式列入联合国教科文组织人类非物质文化遗产代表作名录。

珠算是以算盘为工具进行数字计算的一种方式。在中国，珠算已有1800多年的历史。大家都知道中国的四大发明有造纸术、指南针、火药和活字印刷术，而珠算则被誉为中国古代的"第五大发明"。

珠算和算盘是由中国古代的"筹算"发展演变而来的。珠算到底是由谁发明的已无法考证，但珠算一词最早出现在东汉数学家徐岳所著的《数术记遗》中，该书后由数学家甄鸾作注。《数术记遗》记载："珠算，控带四时，经纬三才。"对此，甄鸾解释道：那时的珠算工具划分为上、中、下三个区域，下边区域有4颗珠子，故云"控带四时"。珠子在三个区域游走，故云"经纬三才"。显然，早期的珠算工具与后来的算盘形态有很大不同。

到了北宋时期，随着商业贸易的发展，算盘已经成为

一种广泛应用的计算工具。在《清明上河图》的最左端，赵太丞药铺里的桌面上就摆放了一把算盘。到了明代，珠算更为成熟，不但能进行加减乘除的运算，还能计算土地面积和各种形状东西的大小。明末珠算著作《算法统宗》传入日本，对珠算在日本的普及和发展起到了重要的促进作用。同时，珠算也传入朝鲜、越南等国家和地区，在民间得到应用。

珠算是一种神奇和高效计算方法，看似小小的算盘，却在历史上发挥了巨大的作用。目前，随着电子计算机的普及，珠算已失去了原来的地位，在现代社会中日渐边缘化、濒临灭绝，急需各有关方面采取有效措施加以抢救和保护。

为了传承这项传统技能，国家在江苏南通设立了中国珠算博物馆。博物馆广泛征集珠算文物资料，还定期组织开展一系列珠算文化展示与交流活动。除此之外，博物馆与各大高校和中小学校联手举办以"了解珠算历史，传承中华国粹"为主题的活动，开设"神奇的珠子"系列珠算文化教育体验活动课，让青少年成为传承珠算文化的主力。这一切，都是为了让珠算文化的根脉不断地延伸。

二十四节气

■ **2016年，二十四节气被正式列入联合国教科文组织人类非物质文化遗产代表作名录。**

二十四节气是指中国人通过观察太阳周年运动而形成的时间知识体系及以该体系为指导的生产生活实践。二十四节气是中国古代订立的一种用来指导农事的补充历法，是提示天气气候和物候变化、掌握农事季节的工具，影响着老百姓的衣食住行，与人们的生活息息相关。

二十四节气起源于黄河流域，距今已有2500多年的历史。春秋时期，劳动人民根据长期积累的经验，产生了日南至（冬至）、日北至（夏至）的概念。后来人们根据一年之中太阳在黄道上的运行位置和天气及动植物生长等自然现象，定出了立春、立夏、立秋和立冬等节气。到了秦汉时期，二十四节气已经完全确立了。

二十四节气具有深刻的意义，它代表着地球在公转轨道上24个不同的位置。由于地球绕太阳一圈需要365天，所以每隔15天左右，就有一个节气，而每个节气都表示着气候、物候、时候这"三候"的不同变化。

二十四节气，分别是立春、雨水、惊蛰、春分、清明、谷雨、立夏、小满、芒种、夏至、小暑、大暑、立秋、处暑、白露、秋分、寒露、霜降、立冬、小雪、大雪、冬至、小寒、大寒。

根据二十四节气，还衍生出了许多习俗。比如，立春为二十四节气之首，又俗称"打春"，它既是一个古老的节气，又是一个重大的节日。在古代，皇帝要在立春当天，带领诸侯、大臣去指定地点迎春；在民间也有丰富的活动，人们习惯吃萝卜、春饼，俗称"咬春"，也有的地方会在墙上贴上画有春牛的黄纸,意味着一年农事的开始。

清明节又称踏青节、祭祖节,人们会去祭祀、扫墓,准备一些祭品,举行一个简单的祭扫仪式。除了祭祀先祖外,还会去踏青。人们聚亲约友,扶老携幼,趁着大好春光去郊游,还会举办丰富多彩的文体活动,如拔河、荡秋千、放风筝,在一派喜乐的气氛中,迎接新节气的到来。

惊蛰时节,春气萌动,大自然有了新的活力。"春雷惊百虫",家中的爬虫之类的小动物都会苏醒。人们会点燃清香的艾草,来熏家中的各个角落,用来驱赶虫、蚊、鼠,也寓意着驱赶霉运,迎接好势头。这一天,人们在饮食上也比较讲究,因为气候比较干燥,容易让人口干舌燥,所以民间素有惊蛰吃梨的习俗,这样可以润肺止咳、滋阴清热。

自古至今,二十四节气对老百姓的生活和生产有着重要作用,同时还影响着人们的习俗、信仰甚至文化观念。

藏医药浴法

■　　2018年，藏医药浴法——中国藏族有关生命健康和疾病防治的知识与实践被正式列入联合国教科文组织人类非物质文化遗产代表作名录。

藏医药浴法是藏族人民以土、水、火、风、空"五源"生命观和隆、赤巴、培根（三者被藏医理论认为人体内存的三大因素）"三因"健康观及疾病观为指导，通过沐浴天然温泉或药物煮熬的水汁或蒸汽，调节身心平衡，实现生命健康和疾病防治的传统知识和实践。

藏医药浴法，藏语称"泷沐"，即湿润的意思。它是将全身或者部分肢体浸泡在天然温泉或藏药液中，让水的热能和药物的药力刺激身体，从而达到疏通经络、活血化瘀、祛风除湿、通行气血、濡养全身等目的的治疗和健身方法。

关于藏医药浴法的起源，有一个美丽的神话传说。相传，在8世纪，莲花生大师从印度来到西藏传播佛教，发现当地民众疾病缠身，就收擒了12个仙女，责令她们每位建造一泉为民众治病，于是就有了十二康布温泉，这就是最早的藏医药浴。

利用天然温泉是藏医药浴法的一类重要治疗方法。根据温泉水所含矿物质的种类，划分为"五类温泉"浴法，民众在治疗师曼巴的指导下自发进行日常保健和治疗。

藏医药浴法还有另一类重要的治疗方法，即以五种植物药材为基本方的"五味甘露"浴法。"五味甘露"浴法最早记载于藏医药经典著作《四部医典》中，至今已有1300多年的历史。古代藏族人认为，"甘露"是一种神奇的灵丹妙药，它可以使人长生不老，并能预防和治疗各种疑难疾病。"五味甘露"配方由五种最基本的高原植物组成：刺柏、杜鹃、白野蒿、藏麻黄、水柏枝，它们按生长的地域依次可称为"阳、草、土、阴、水的甘露"。后来各地的藏医药浴配方，大多都是根据"五味甘露"发展而来的。具体而言，"五味甘露"浴法又可分为浸泡水浴、熏蒸汽浴和缚扎敷浴三种疗法。

千余年来，藏医药浴法一直深受藏族民众欢迎，广泛流布于西藏、青海、四川、甘肃、云南等地的藏区，为保障生命健康和防治疾病发挥着重要作用。

太极拳

■　2020年，"太极拳"被正式列入联合国教科文组织人类非物质文化遗产代表作名录

"太极拳"是以中国传统儒、道哲学中的太极、阴阳辨证理念为核心思想，集强身健体、颐养性情等功能于一体的传统拳术。

关于"太极拳"的起源，可以说是众说纷纭，一种说是起源于武当派的祖师张三丰，还有一种说法是创自于清朝的陈玉廷。

"太极拳"是从传统的中华武术中延伸而来的，太极拳因其独特的打法，在增强人的体质的同时，具有修身养性的作用。

"太极拳"的打法有许多种，比如推手、运气、站桩等等，但是无一例外的是，各门派各种打法都要求练习者

精神专一，全神贯注，上身中正，最后达到心神合一的效果。这些细微、复杂、独特的锻炼方法，不但能够调整身体许多系统的功能，同时还可以让大脑得到很好的锻炼。

值得一提的是，太极拳尤为锻炼人的眼神。打太极拳时，眼神要随着手的动作向前平视，动作不断变换时，眼神也要跟随动作来回变动。随后，手法、身法和步法都要跟上去，做到手动、眼动、身动、脚动。此外，太极拳对锻炼腰部、身体的肌肉、关节和韧带拉伸，以及心肺功能都有着很好的作用。

太极拳的宗旨是含蓄内敛、连绵不断、以柔克刚、急缓相间、行云流水。这种武术理念要求练习者意、气、形、神圆融一体，还要求练习者在增强体质的同时提高自身素养，以求人与自然、人与社会的融洽与和谐。如今，太极拳不仅在中国有大量的拥趸，也受到了全世界太极迷的欢迎，成为中国传统文化的一颗璀璨的明珠。